鲁厚甜 1 号

鲁厚甜 1 号

115

冰糖子

极品早雪

天蜜脆梨

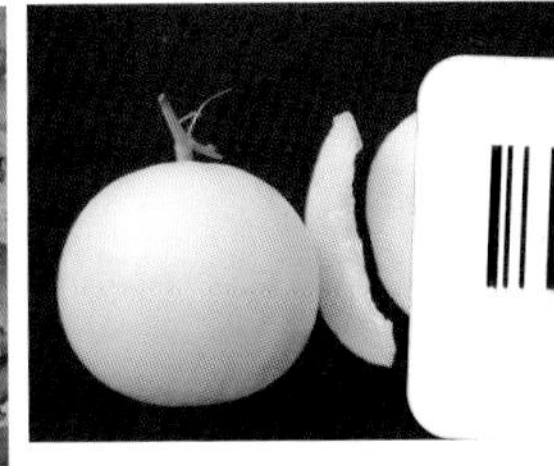

伊丽莎白



金玉

天蜜脆梨

景甜 208

甜瓜枯萎病

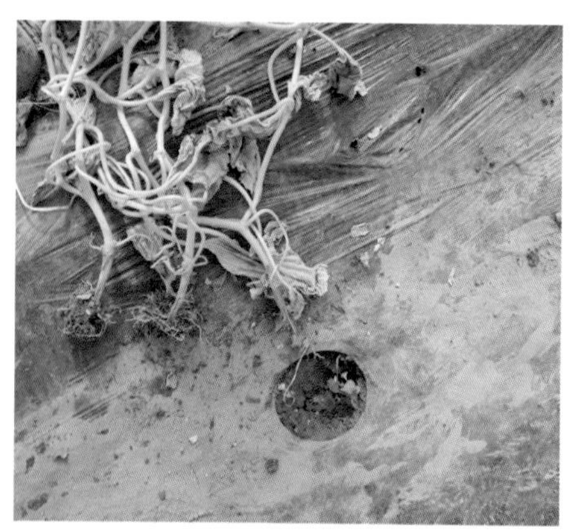

甜瓜根腐病

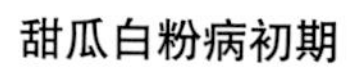

甜瓜白粉病初期

甜瓜白粉病后期

甜瓜白粉病——病茎

甜瓜白粉病——叶背症状

蔓枯病——病茎

甜瓜蔓枯病——病叶

甜瓜蔓枯病——幼瓜症状

甜瓜蔓枯病——病果

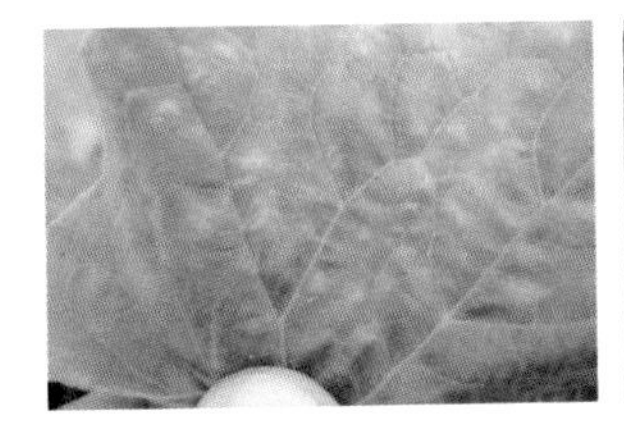

甜瓜霜霉病发病初期

甜瓜霜霉病中后期

甜瓜霜霉病叶背症状

甜瓜炭疽病

甜瓜灰霉病

甜瓜病毒病——病瓜

甜瓜病毒病——病株

甜瓜细菌性果斑病——病叶苗期

甜瓜细菌性果斑病——病叶

甜瓜细菌性果斑病——病瓜

甜瓜细菌性果斑病——病茎

甜瓜细菌性叶斑病——病瓜初期

甜瓜细菌性叶斑病——病叶背面状

甜瓜细菌性叶斑病——病叶正面

甜瓜叶枯病（1）

甜瓜叶枯病（2）

甜瓜叶枯病（3）

甜瓜细菌性角斑病——
病瓜初期症状

甜瓜细菌性角斑病——病瓜
后期菌脓溢出

甜瓜细菌性角斑病——
病茎

甜瓜细菌性角斑病——
病叶

甜瓜细菌性角斑病——
病叶

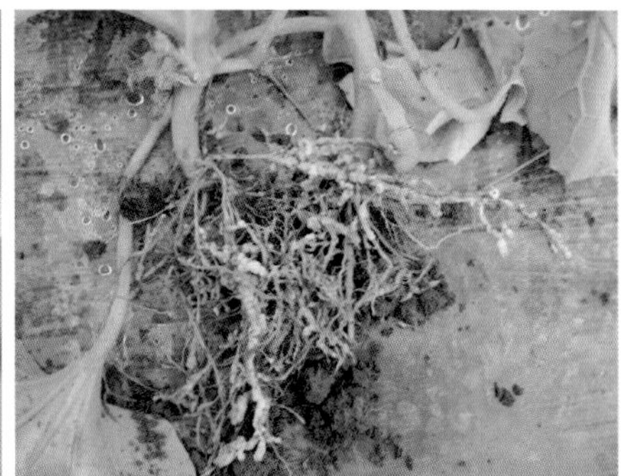

甜瓜根结线虫病——
根部受害

甜瓜根结线虫苗期病（右）
健株对比

甜瓜笄霉褐腐病（1）

甜瓜笄霉褐腐病（2）

甜瓜煤污病（1）

甜瓜煤污病（2）

甜瓜煤污病（3）

甜瓜菌核病

温室白粉虱为害叶片

瓜蚜田间危害状

瓜蚜危害叶片背面

蓟马田间危害状

红蜘蛛危害（叶背）

红蜘蛛危害（叶面）

美洲斑潜蝇危害

蛴螬

# 山东设施甜瓜优质高产栽培技术

◎ 焦自高　主编

中国农业科学技术出版社

**图书在版编目（CIP）数据**

山东设施甜瓜优质高产栽培技术 / 焦自高主编 .—北京：中国农业科学技术出版社，2014. 10

ISBN 978 - 7 - 5116 - 1838 - 2

Ⅰ. ①山… Ⅱ. ①焦… Ⅲ. ①甜瓜 - 瓜果园艺 - 设施农业 Ⅳ. ①S652

中国版本图书馆 CIP 数据核字（2014）第 229297 号

**责任编辑** 崔改泵
**责任校对** 贾晓红

**出 版 者** 中国农业科学技术出版社
北京市中关村南大街 12 号 邮编：100081
**电　　话** (010)82109194(编辑室) (010)82109702(发行部)
(010)82109709(读者服务部)
**传　　真** (010)82106650
**网　　址** http://www.castp.cn
**经 销 者** 各地新华书店
**印 刷 者** 北京富泰印刷有限责任公司
**开　　本** 880mm×1 230mm 1/32
**印　　张** 8.5 彩插 8
**字　　数** 228 千字
**版　　次** 2014 年 10 月第 1 版 2014 年 10 月第 1 次印刷
**定　　价** 40.00 元

# 山东设施甜瓜优质高产栽培技术

## 编委会


主　任　何启伟

副主任　高中强　刘开昌　贺洪军

编　委（以姓氏笔画为序）

丁兆龙　王献杰　冯锡鸿　史庆华
刘立功　刘祥礼　孙振军　李文东
张建怀　焦自高　韩风浩　翟广华

主　编　焦自高

副主编　王崇启　董玉梅　齐军山　肖守华

编　者（以姓氏笔画为序）

丁兆龙　王　昕　王崇启　冯连杰
刘立功　刘树森　刘祥礼　刘蕾庆
齐军山　朱永春　朱晓蕾　陈　燕
李文东　李圣辉　李全修　苏长跃
肖守华　张伟丽　张杨杨　张建怀
杨　宁　杨留锋　郑华美　郝秀明
赵　西　赵荷仙　高俊杰　徐安乐
常传亮　焦自高　董玉梅　韩风浩
翟广华

审稿　何启伟

# 前　　言

甜瓜，别名香瓜，在我国已有3 000多年的栽培历史。厚皮甜瓜过去只在我国的西北地区露地栽培，随着设施栽培技术的提高和国外厚皮甜瓜优良品种的引入，厚皮甜瓜自20世纪80年代开始在东部沿海地区的设施内种植。薄皮甜瓜在东北、华北、华东及华南等地广泛种植。近年来设施栽培面积不断扩大，效益较露地栽培大大提高。根据全国西甜瓜产业技术体系调查统计，2011年全国甜瓜播种面积39.74万$hm^2$，总产量1 278.5万t。

山东省甜瓜种植面积和效益在全国名列前茅，全省甜瓜播种面积4.66万$hm^2$，总产量200.56万t。山东省设施甜瓜生产的规模化、特色化趋势明显，涌现出一批规模大、有特色的设施甜瓜生产基地，如莘县、寿光厚皮甜瓜生产基地，海阳网纹甜瓜生产基地，菏泽牡丹区、济宁喻屯、章丘高官寨、潍坊寒亭区薄皮甜瓜生产基地等，这些基地靠规模化、专业化的生产，提高管理水平，开拓销售市场，取得了显著的经济效益。在甜瓜设施栽培中，组装配套了优良品种、早春多层覆盖、嫁接育苗、多次留瓜、水肥一体化、病虫害综合防控等十多项先进技术，使甜瓜产量和效益不断提高。

本书重点介绍了甜瓜的特征特性、品种选择、茬口安排、栽培设施建造、育苗技术、栽培技术、病虫害防治等。结合近年来甜瓜研究的进展，还阐述了有机基质无土栽培、秸秆生物反应堆应用、果实套袋、双层留瓜、蜜蜂授粉、土壤消毒克服连作障碍技术等甜瓜生产上高产高效新技术、新成果。书中还总结了山东青州、寿光、莘县、寒亭、海阳等地甜瓜设施栽培的特色和典型。针对甜瓜设施栽培中常发生的问题，指出了发生原因，提出了解决方法。

本书由国家西甜瓜现代农业产业技术体系潍坊综合试验站专家

牵头，联合了有丰富理论知识和实践经验的科研、教学、技术推广领域的30多名专家共同编写完成。在编写过程中，参考了一些国内知名专家的论著，总结了广大瓜农的生产经验，吸收了近几年甜瓜科研的新品种、新技术、新成果，注重理论与实践相结合，理论知识介绍通俗易懂，实践经验切合生产实际，实用性、可操作性强，适用于广大农技推广人员和甜瓜生产者使用。本书的出版对推动山东乃至北方地区设施甜瓜产业的发展，提高甜瓜产业科技含量和产品市场竞争力，增加瓜农收入等都具有重要意义。

本书的编著与出版得到了山东园艺学会西甜瓜专业委员会和中国农业科学技术出版社的大力支持，在此一并表示衷心的感谢。

由于编著者水平所限，疏漏和谬误之处在所难免，敬请提出宝贵意见。

焦自高

2014年9月

# 目 录

# 一、绪　论

甜瓜（*Cucumis melo* L.），别名香瓜，葫芦科（Cucurbitaceae）甜瓜属中幼果无刺、成熟果味甜的栽培种。《本草纲目》中指出“甜瓜之味甜于诸瓜，故独得甘甜之称”。因甜瓜果实具有独特的芳香气味，故有的地区称其为“香瓜”，欧美国家把某些甜瓜称作麝香甜瓜（muskmelon）。自古以来，甜瓜以其香甜的风味为消费者所喜食，成为我国及世界很多国家栽培的生食水果之一。

## （一）甜瓜栽培简史

甜瓜在我国栽培历史悠久，早在3 000多年前的古籍《诗经》中就有记载。此后的大量古籍中均有这方面的文字记载。出土的实物中也有证明，如湖南长沙马王堆出土的东汉末年女尸腹中就有未被消化的甜瓜籽。在《齐民要术》等书中，详尽的总结了瓜类作物（包括甜瓜）的选种、采种、嫁接、种子消毒、播种、轮作、施肥和病虫害防治等方面的技术。《王祯农书》还对当时的甜瓜品种进行了最早的分类。

根据其果皮的厚薄，人们习惯将甜瓜分为厚皮甜瓜和薄皮甜瓜两大类型。新疆的厚皮甜瓜栽培，历史上有明确记载，如公元13世纪的元朝李志常在《长春真人西游记》中云：“甘瓜如枕许，其香盖中国之未有也。”这生动地描述了新疆厚皮甜瓜形状长如枕及香甜可口的品质。根据古书记载和出土文物，大致推断，我国从商周至汉朝就开始种植甜瓜；中原的关中，南方的长沙、洞庭，西部的敦煌、吐鲁番等地是最早种植甜瓜的地区。厚皮甜瓜类型过去只在我国的西北地区露地栽培。随着设施栽培技术的提高和国外厚皮甜瓜优良品种的引入，厚皮甜瓜自20世纪80年代开始在东部沿海地区的设施内栽培，现在上海、江苏、山东、北京等地均有较大规模的设施厚皮甜瓜种植。

甜瓜中的薄皮甜瓜在东北、华北、华东及华南等地广泛种植。近年来，随着薄皮甜瓜种植模式发展，薄皮甜瓜保护设施栽培，尤其是日光温室和大拱棚栽培方式展现出露地栽培所无法达到的经济效益。

根据全国西甜瓜产业技术体系的调查，2011年全国甜瓜播种面积39.74万 $hm^2$，总产量1 278.5万 t。

## （二）甜瓜栽培分布

根据气候和生态特点及甜瓜传统种植习惯的差异，我国甜瓜在栽培分布上可分为3个大区。

### 1. 西北干旱厚皮甜瓜区

该区包括新疆维吾尔自治区（简称新疆，下同）、甘肃、内蒙古自治区（简称内蒙古，下同）、青海、宁夏回族自治区（简称宁夏，下同）等地，是我国传统的优质厚皮甜瓜栽培区。

该区的气候特点表现为典型的大陆性气候。甜瓜生长期内炎热、干旱、少雨，昼夜温差大，日照充足，空气和土壤湿度都很低，适合各类甜瓜的种植。在该产区有国内外闻名的哈密瓜品种如皇后、芙蓉、红心脆、黑眉毛密极甘、炮台红、红甘露等；兰州黄河蜜、白兰瓜；宁夏、内蒙古的河套蜜瓜等。

在长期的生产实践中，该区瓜农根据当地水土特点，创造出了许多独具特色的生产方式。如宁夏的压砂瓜栽培方式，新疆的瓜沟灌溉栽培方式，甘肃河西的旱塘栽培方式等。

## 2. 北方干燥薄皮甜瓜区

该区包括淮河以北的华北（含陕西）、东北和内蒙古东部。其中，以黑龙江、吉林两省栽培面积较大。该区的大部分地区处于季风区内，每年5、6月日照充足，降水量少，温度较高，湿度较小，有利于甜瓜生育。7月以后进入雨季，对甜瓜果实成熟不利，故该区宜种植早熟、较耐湿的薄皮甜瓜品种。

陕西关中的白兔娃、黑龙江的龙甜1号、山东的益都银瓜等是该区盛产的优质薄皮甜瓜品种。近20多年来，该区厚皮甜瓜栽培面积有较快的发展。厚皮甜瓜栽培多采用早熟品种，并采用保护设施栽培。

在该区中以山东省栽培甜瓜面积最大，根据国家西甜瓜产业技术体系潍坊综合试验站2013年统计，全省甜瓜播种面积4.66万$hm^2$，总产量200.56万t。全省薄皮甜瓜栽培面积超过2.67万$hm^2$，其中潍坊青州一带和荷泽地区薄皮甜瓜栽培面积较大，并形成了许多著名的品种。山东省栽培厚皮甜瓜历史较短，但发展较快。采取早育苗，早定植，加强设施温光条件控制等措施，使厚皮甜瓜日光温室、大拱棚栽培实现了高产、优质、高效，其集中产区有莘县、寿光市、潍坊市寒亭区等。

## 3. 南方潮湿薄皮甜瓜区

该区包括淮河、秦岭以南的各省区，是我国薄皮甜瓜的又一重要产区，安徽、浙江等地薄皮甜瓜栽培面积较大，江西、湖北、安徽等省有许多地方优良品种。

该区气候特点是，春季梅雨季节降雨量大、日照短，空气和土壤湿度大，夏季雨季在6月份来临，夏秋之交有台风袭击，对甜瓜生长发育不利。为了克服湿度大和早春光照不足等不利自然条件，当地瓜农选用耐湿性好、抗病力强的薄皮甜瓜品种，采取高畦、深沟排水等技术，为甜瓜的正常生产创造条件。该区著名的薄皮甜瓜品种有：广州蜜瓜，江浙一带的黄金瓜，江西南昌雪梨和湖北的荆农4号等。

该区近年来也引进和栽培新疆的哈密瓜和其他厚皮甜瓜品种，并具有一定生产规模，并创造出了一些独特的栽培技术，如浙江宁波等地厚皮甜瓜采取耐湿品种，通过中小拱棚覆盖，实现了长季节栽培，一次播种可多次采收。

## （三）甜瓜的食用和药用价值

甜瓜主要以成熟的果实作为水果消费。而作水果消费中，甜瓜（尤其是厚皮甜瓜）被认为是高档水果。甜瓜果实中含有大量人体所需要的糖类、维生素和纤维素等，其中，总糖为4.6%～15.8%，果酸0.054%～0.128%，维生素C为29.0～39.1mg/100g鲜重，纤维素和半纤维素2.6%～6.7%，还含有少量蛋白质、矿物质及其他维生素。甜瓜的甜度在所有瓜果中居首位，深得喜好甜味的华人所喜爱。甜度高的品种中心含糖量可以达到20%。厚皮甜瓜切片晒干的甜瓜干（哈密瓜干）含糖量可超过60%。

甜瓜以鲜果食用为主，也可制作果干、果脯、果汁、果酱等。

甜瓜具有一定的药用价值。中医认为：甜瓜果肉性寒、味甘，具有止咳、除烦热、利小便等功效，用于暑热所致的胸膈满闷不舒、食欲不振、烦热口渴，热结膀胱、小便不利等症。由于甜瓜的助泻利便作用显著，所以甜瓜不可多食，特别是有胃寒的人群。甜瓜入药多用瓜蒂和籽仁，瓜蒂药用时叫苦丁香。籽仁入药时应晒干、捣碎、去油后才能应用。甜瓜籽仁中含脂肪酸油约27%，并含有较高的球蛋白、乳聚糖、葡萄糖等，可供榨油及作牲畜饲料。

## （四）甜瓜栽培的效益

无论是薄皮甜瓜还是厚皮甜瓜，栽培方式多样，一年可栽培多茬。而不同品种类型、栽培茬次及保护设施种类的种植效益差异很大。由于受地区、品种、茬次、栽培方式等因素的综合影响，使全国不同月份的价格存在明显差异（图1）。

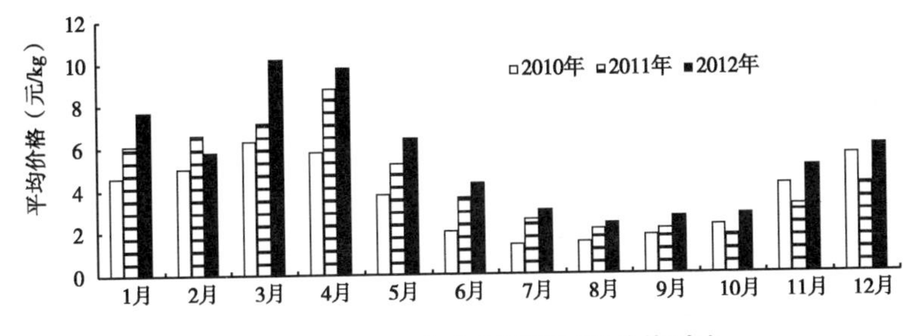


**图1　2010—2012年全国甜瓜平均价格对比**

以山东栽培的甜瓜为例，根据国家西甜瓜产业技术体系潍坊综合试验站统计，就不同栽培方式而言，甜瓜（含厚皮甜瓜和薄皮甜瓜）日光温室栽培平均产量和效益最高，其次为中大拱棚栽培，再次为小拱棚栽培，以露地栽培的产量和效益最低（表1）

**表1　2013年山东省甜瓜不同栽培方式的效益比较**

| 栽培方式 | 播种面积（$hm^2$） | 平均产量（$kg/667m^2$） | 平均收入（元/$667m^2$） |
| --- | --- | --- | --- |
| 露地栽培 | 11 765.0 | 2 292.8 | 6 851.0 |
| 日光温室栽培 | 6 116.5 | 4 398.5 | 24 900.3 |
| 小拱棚栽培 | 1 660.7 | 2 597.3 | 11 501.6 |
| 中大拱棚栽培 | 3 100.9 | 2 967.3 | 14 354.4 |

薄皮甜瓜和厚皮甜瓜两种类型在山东均有栽培，且都有较大面积。薄皮甜瓜在山东的栽培方式一般是露地栽培，夏季供应，一般每$667m^2$的产量为2 000～2 500kg，每$667m^2$收入为6 000～7 000元。为达到早熟的效果，有的地区采取地膜加小拱棚覆盖栽培，提高了保温性能，每$667m^2$产量可达到2 500kg左右，每$667m^2$收入

达到 1.1 万元左右。因气候等原因，目前，厚皮甜瓜在山东只能采取设施栽培，才能保证甜瓜的正常生育。为提高收入，采取日光温室冬春茬或大拱棚早春栽培，一般在上年 11 月至翌年 2 月播种，4 月中旬至 6 月中旬收获上市。采用日光温室栽培，多茬留瓜，每 667$m^2$ 产量可达到 3 500 ~ 4 000kg，每 667$m^2$ 收入为 1.8 万 ~ 2.4 万元。采用大拱棚栽培的，每 667$m^2$ 产量可达到 3 000 kg，每 667$m^2$ 收入为 1.4 万元左右。

## （五）甜瓜产品类型

### 1. 无公害甜瓜

无公害甜瓜是在一定生产环境条件下，按无公害甜瓜的生产技术操作规程生产，其商品瓜中残留的农药、重金属、有害微生物等控制在国家标准允许的范围内。

无公害甜瓜应达到“优质、卫生”要求，“优质”指的是品质好，外观美，可溶性糖和维生素含量高，符合商品营养要求。“卫生”指的是“三个不超标”：一是农药残留不超标，不含禁用剧毒农药，其他农药残留不超过国家规定的允许标准；二是亚硝酸盐含量不超标。含量控制在 20mg/kg 以下（GB 2762—2012）；三是工业三废和病原菌微生物等对商品果实造成的有害物质含量不超标。

### 2. 绿色食品甜瓜

绿色食品甜瓜是绿色食品中的一类。绿色食品是按照绿色食品标准生产，经专门机构认定，许可使用绿色食品标识商标的无污染、安全、优质、营养类食品。绿色食品可分为 A 级绿色食品和 AA 级绿色食品。

（1）AA 级绿色食品标准　包括环境质量标准、生产操作规程、产品标准、包装标准。

①环境质量标准。NY/T 391—2013 绿色食品产地环境质量标准除了对绿色食品产地环境的空气质量、水质、土壤质量等制定了明确要求，还制定了生态环境要求，即绿色食品生产应选择生态环境良好、无污染地区；在绿色食品和常规生产区域之间设置有效缓冲带或物理屏障，以防止绿色食品生产基地受到污染；建立生物栖息地，保护基因多样性，物种多样性和生态系统多样性，以维持生态平衡；应保证基地具有可持续生产能力，不对环境或周边其他生物产生污染。

②生产操作规程。AA 级绿色食品在生产过程中禁止使用任何有害化学合成肥料和生长调节剂、化学农药及化学合成食品添加剂。生产方式与有机农产品的生产方式相似。

③产品标准。AA 级绿色食品中各种化学合成农药及合成食品添加剂均不得检出，其他指标应达到农业部 A 级绿色食品产品行业标准（NY/T 427—2007 绿色食品　西甜瓜）。

④包装标准。AA 级绿色食品包装评价采用有关包装材料的国家标准、国家食品标签通用标准 GB 7718—2011 及农业部发布的《绿色食品标志设计标准手册》及其他有关规定。

（2）A 级绿色食品标准　包括环境质量标准、生产操作规程、产品标准、包装标准。

①环境质量标准。产地条件应符合 NY/T 391—2013 要求。

②生产操作规程。A 级绿色食品在生产过程中允许限量使用限定的化学合成物质，生产过程中农药使用应符合 NY/T 393—2013 的规定，肥料使用应符合 NY/T 394—2013 的规定。

③产品标准。采用农业部 A 级绿色食品产品行业标准（NY/T 427—2007 绿色食品西甜瓜）。

④包装标准。A 级绿色食品甜瓜包装评价采用有关包装材料的国家标准、国家食品标签通用标准 GB 7718—2011 及农业部发布的《绿色食品标志设计标准手册》及其他有关规定。

### 3. 有机甜瓜

有机甜瓜是有机食品中的一类。有机食品是在有机农业系统中生产，经独立认证机构检查、认证，颁发证书的产品。有机农业是遵照一定有机农业生产标准，在生产中不采用基因工程获得的生物及其产物，不使用化学合成的农药、化肥、生长调节剂、饲料添加剂等物质，遵循自然规律和生态学原理，协调种植业和养殖业的平衡，采用一系列可持续发展的农业技术以维持持续稳定的农业生产体系的一种农业生产方式。

有机食品的基本要求：一是生产基地需要有转换期，在开始生产有机产品的前2～3年之内严禁使用农药和化肥；严格遵守HJ/T 80—2001有机食品技术规范中对环境标准的要求；二是有机农业生产田与未实施有机管理的土地之间必须设置缓冲带；三是生产基地无水土流失及其他环境问题；基地应建立长期的土地培肥、植物保护、作物轮作和畜禽养殖计划；四是严禁使用经基因工程技术改造过的种子或种苗；五是在收获、清洁、存储和运输过程中应避免污染；六是在生产和流通过程中，必须建有完善的质量控制和跟踪审查体系，并有完善的生产和销售记录档案。

# 二、甜瓜生长发育与环境条件

## （一）植株形态特征

### 1. 根

甜瓜的根系由主根、各级侧根和根毛组成，属于浅根系。通过水培实验观察，甜瓜没有明显的大的主根，而是多条主根构成一束，在主根上又产生无数细根。但在水肥条件较差的情况下，甜瓜的根系分布既深又广。薄皮甜瓜主根入土可达60cm左右，密集根群分布在耕作层15～30cm的范围内。厚皮甜瓜的根比薄皮甜瓜的根系更强壮，分布得深而广，主根可深入土中1m，侧横展半径可达2m，主要根群分布在30cm的耕层内。甜瓜的茎蔓匍匐在地面上生长时，可产生不定根。不定根可以吸收水分和养料，并可固定枝蔓。甜瓜根系生长快，可不断分级，一般可分3～4级。至膨瓜期，根系生长到最大程度，单株根系总长度可超过32m，可分布到3～5$m^3$的土壤中，因而甜瓜耐旱性强，同时也耐瘠薄。

甜瓜根系的发育和结构受品种类型、土壤类型、土壤水肥条件、植株生育时期、整枝方式等影响。土壤水肥充足时，尤其是开花坐果期前水肥过于充足时，根系的分布范围相对较小，抗旱能力减弱；反之，土壤水肥条件较差时，根系的分布范围较大。甜瓜根系好氧性强，要求土壤疏松，通气良好。土壤黏重和田间积水都将影响根的生长。

甜瓜根系生长的适宜土壤酸碱度为pH 6～6.8，但适应范围较宽，特别是对碱性的适应力强，在土壤总盐量1.14%以下，pH

8～9 的条件下仍能正常生长。甜瓜耐盐极限是土壤总盐量 1.52%，在葫芦科中，其耐盐性仅次于南瓜。

甜瓜根系生长的最适温度为 22～30℃，40℃以上、14℃以下根毛停止生长，8℃以下根系会受寒害。薄皮甜瓜的根系较厚皮甜瓜的根系耐低温。

甜瓜根系木栓化程度高，再生能力弱，移栽或多或少会对植株生长造成不利影响，影响程度随苗龄增加而加重。苗龄越长，根系的木栓化程度越深，根系再生越难，移栽缓苗难度增加，因此，一般在 1 叶 1 心至 3 叶 1 心时定植，只要水分充足，很容易缓苗成活。

**2. 茎**

甜瓜茎为一年生蔓性草质，中空，茎表有条纹或棱角，茎蔓表面有短刚毛，节间有卷须，能攀援生长，因此，甜瓜可进行爬地栽培或吊蔓栽培。甜瓜茎粗 0.4～1.5cm，大多数 1.0cm 左右；节间长多在 5～13cm。一般厚皮甜瓜茎蔓较薄皮甜瓜粗壮，节间长度也比薄皮甜瓜长。

甜瓜茎的分枝性强，每节都可发生侧枝，主蔓上着生子蔓，子蔓上着生孙蔓，条件适宜时可以无限生长。根据甜瓜茎蔓分枝的多少、长短等特征，甜瓜的株型可分为丛生、短蔓、分枝、无杈等几种类型。栽培中需要根据品种特性、栽培方式等进行合理整枝。多蔓整枝时，通常选留 3～6 节的侧蔓，并在侧蔓中部节位留瓜。

**3. 叶**

甜瓜的子叶椭圆形，根据品种不同，叶的颜色深浅、大小略有差异。真叶着生在茎蔓的节上，每节 1 叶，互生、无托叶。叶形大多为近圆形或肾形，少数为心脏形、三角形或掌形。甜瓜叶片的正面和背面均长有茸毛，叶缘呈锯齿状、波纹状或全缘状。叶片的大小、缺刻、叶柄长短、颜色深浅因品种而异，通常叶片厚度 0.4～

0.5mm，直径为 8 ~ 15cm，一般情况下，甜瓜叶横径大于纵径。多数厚皮甜瓜叶大、叶柄长、裂刻明显、叶面平展，刺毛密而硬，有些厚皮甜瓜品种的叶片可达 30cm 以上。薄皮甜瓜叶片较小，叶柄较短，刺毛较软。叶柄夹角、叶片大小及叶姿都是甜瓜重要的株型特征。紧凑型植株适于设施内密植，对土地和光照等条件的利用率较高。

根据叶片生长情况可判断植株营养状况，水肥充足时，叶片缺刻较浅、下垂，叶形变长，叶柄开张度增加，光照较弱时叶片下垂更明显，叶色发黄；相反，高温干燥、日照充足时，叶片较小，缺刻加深，叶片增厚、刺毛多且硬，叶片颜色也较深。

### 4. 花

甜瓜花分为三种类型：完全花、雄花、雌花。虫媒花，花冠通常五裂，与萼片相互交错着生，花萼基部有茸毛，雄花全是单性花，花丝较短，花药在雄蕊外侧折叠；结实花大多为既具雄蕊又具雌蕊的两性花，雌蕊 3 ~ 4 枚，花柱很短，柱头肥厚，子房下位。根据花的性型，可将甜瓜植株分为雌雄异花同株、雌花两性花同株、全雌花、雄花两性花同株、雌花雄花两性花同株及两性花等几种类型。多数品种属雄花两性花同株类型。花从主蔓第一节即开始发生，以后每节都可发生，一个叶腋通常分化花原基 3 ~ 4 个。雄花簇生，出现节位早。雌花常单生，出现节位比雄花高，偶有双生或三生。

甜瓜花为半日花，发育充分的花早晨开放，开放时间取决于温度，在早晨气温达到 20℃ 左右时，花即开放，花药开裂、散粉，中午花冠开始褪色，傍晚闭合。气温适宜时一般在上午 10 时前开花，如气温偏低则开花时间延迟。据实验观察，授粉 1.5h 后，花粉管生长到子房上部，24h 后大部分胚囊完成受精。甜瓜花粉活力除存在自身遗传差别外，还受温度、光照等多种因素的影响，18 ~ 30℃ 温度范围内花粉萌发率均较高，25 ~ 30℃ 为最佳萌发温度。薄皮甜瓜花粉低温萌发率比厚皮甜瓜高，12℃时厚皮甜瓜、薄皮甜瓜花粉萌发率存在极显著差异。甜瓜花粉寿命较短，自然条件下，花后12h已有部分花粉丧失活力，开花后38h后完全丧失活力。在雄花两性花同株株型上，大多数品种完全花的花粉与雄花花粉的授粉功能无明显差异。但在部分薄皮甜瓜品种中，两种花粉的机能略有差异，表现在完全花花粉萌发率较低，花粉管伸长速度较慢，授粉受精能力差，导致坐果率较低等。结实花开花前2d，雌蕊柱头已具有授粉受精条件，而雄花开花前12h，花粉仅35%能萌发并完成授粉受精。因此，结实花为两性花的母本在杂交制种过程中，为防止自交，在结实花开放前一天去雄进行蕾期授粉或隔离后次日授粉，雄花应取当日开放花朵。授粉宜在上午进行，在开花后2h内完成效果最好。

甜瓜一般以子蔓或孙蔓结果为主，孙蔓及上部子蔓第一节着生结实花。

### 5. 果实

甜瓜的果实为瓠果，由受精后的子房和花托共同发育而成。果实可分为果皮和种腔两部分，果皮是由外果皮、中果皮和内果皮构成，外果皮由花托发育而成，中、内果皮是甜瓜的主要可食部分。种腔的横剖形状有圆形、三角形、星形等。果实的大小、形状、果皮、果肉颜色差异很大，是鉴定品种特征的主要依据。薄皮甜瓜个小，单瓜重在1kg以下；厚皮甜瓜较大，一般重2～3kg，最大的可达15kg，如新疆的哈密瓜。甜瓜果实的形状呈扁圆、圆、卵形、纺锤形、椭圆形、梨形等。果皮颜色有绿、白、黄绿、黄、橙等。不同品种在果脐大小，果面特征（网纹、棱沟、斑块等）方面也有差异。果肉大致分为白、绿、橙3种颜色，依品种不同，颜色深浅不同，也有一些果肉颜色为嵌合色。甜瓜果实成熟后常挥发出香气，香气源于某些挥发性物质，包括酯类、醇类、醛类、酮类、烯类等，其中，乙酸乙酯等酯类物质含量可能是评价甜瓜香气质量的重要指标。甜瓜果实的发育呈快—慢—快的“S”形曲线。坐果中期即膨瓜期发育最快。果型指数随果实增大逐渐减小。

**6. 种子**

甜瓜种子呈扁平状，卵圆形，由种皮和胚组成。种皮多呈黄白色，也有部分品种种子呈白色、黄色、黄褐色等。种皮表面光滑或稍有波纹状曲折。甜瓜单瓜约有种子 300～500 粒。甜瓜种子大小差别较大，薄皮甜瓜种子较小，千粒重 5～20g；厚皮甜瓜种子大，千粒重 30～60g。在干燥低温密闭条件下，甜瓜种子能保持发芽力 15 年以上，一般情况下寿命为 5～6 年。

甜瓜种子在膨瓜结束后即具有发芽能力，种子充分成熟和后熟有助于提高发芽率、发芽势及种子寿命。个别品种种子在果实过熟时在种腔里即发芽。

## （二）生长发育周期

甜瓜植株从种子播种到果实收获的全部生长发育过程为 70～150d，薄皮甜瓜生育期较短，一般为 70～100d。厚皮甜瓜生育期较长，一般为 90～150d。同一品种在不同地区、不同季节、不同栽培方式下生育期相差较大，一般秋季栽培生育期比春季栽培生育期缩短 1 个月以上，设施栽培比露地栽培生育期短。不同整枝留瓜方式、肥水管理等因素也会对生育期造成较大差异，不同品种从播种到开花坐果之间经历的时间长短差异不大。

甜瓜的生长发育周期可分为发芽期、幼苗期、伸蔓期和结果期，各个阶段的生长发育特点和水肥需求规律不同。

**1. 发芽期**

从种子萌动到子叶展开为发芽期。发芽期的长短主要与温度、湿度有关，发芽最适温为 30℃，正常情况下此期约为 4～7d。这一时期幼苗生长量较小，主要靠种子自身贮藏的养分生长，苗床要保持适宜的温度和较低的湿度，防止幼苗徒长。第一真叶出现时苗端即开始花芽分化。最初的花原基具两性，当花原基长0.6~0.7mm之后才有雄性、雌性或两性花的分化。

**2. 幼苗期**

从子叶展开到第5片真叶出现为幼苗期，大约需20~25d，这一时期甜瓜幼苗茎短缩、直立，生长缓慢。幼苗期结束时，茎端约分化20节，2~4片真叶时是分化的旺盛期。在白天30℃、夜间18~20℃、8~10h日照的条件下花芽分化早，结实花节位较低。在温度高，长日照条件下，结实花节位较高，花的质量差。这一时期幼苗的生长量依然较小，对水肥需求量较少，要注意疏松土壤，使幼苗健壮生长，同时要注意防止猝倒病、立枯病和根腐病等病害发生。

**3. 伸蔓期**

从第5片真叶出现到第一结实花开放为伸蔓期，约需25~30d。此期植株根、茎、叶迅速生长，花芽进一步分化发育。植株由直立生长变为匍匐生长，主蔓上各节营养器官和生殖器官继续分化，植株进入旺盛营养生长阶段。伸蔓期是植株调整的重要时期，管理上注意小水、小肥，做到促、控结合，既要保证茎叶的迅速生长，又要防止茎叶生长过旺，为营养生长向生殖生长的转化打下良好的基础。这一时期植株生长健壮，病害发生不普遍，但设施栽培中棚室内湿度过大时容易发生蔓枯病、叶斑病、根腐病、疫病等。

**4. 结果期**

从结实花开放到果实成熟为结果期。薄皮甜瓜结果期较短，厚皮甜瓜结果期较长。早熟品种结果期一般为30~35d，中熟品种为35~45d，晚熟品种为45~55d。该期又可分细为结果前期、结果中期和结果后期。

(1) 结果前期 从结实花开放至幼果开始迅速膨大。大约开花后5~7d属结果前期。此期植株由茎叶生长为主开始逐步转为以果实生长为主，但果实生长缓慢，生长量小，侧蔓发生旺盛。管理的重点是及时整枝、摘心，促进植株坐果，保证果实生长，防止落花、落果，因此这一时期要控制水肥，降低夜温。

(2) 结果中期 果实迅速膨大到停止增大，一般需要15~30d。这时植株总生长量达到最大值，日增长量最高，以果实生长为主，营养生长减缓。此期是果实产量形成的关键时期。管理重点是加强肥水管理，保证有充足的水分和养分供给果实。

(3) 结果后期 果实停止膨大至成熟，一般需要10~15d。此期植株的根、茎、叶生长逐渐停滞，果实基本定形。这一时期除果实继续积累营养物质外，主要特征是：果实叶绿素逐渐消失，果实呈现出品种特有的色泽、网纹、香气、风味等，硬度开始下降，有些品种果蒂处产生离层，瓜前叶逐渐变黄，可溶性固形物含量不断增加。管理上要保叶促根，防止茎叶早衰或感病。结果后期应控制浇水，不浇或少浇，以提高果实的风味和品质。

早春栽培时，结果期温度升高，植株养分消耗大，抵抗力下降，是病虫害易发时期，容易发生的病害主要有白粉病、蔓枯病、霜霉病、疫病、枯萎病等，虫害主要有蚜虫、粉虱、蓟马等，要及时采取整枝打杈、通风排湿、膜下滴灌等栽培管理措施，结合物理、化学方法进行综合防治。

## (三) 对环境条件的要求

### 1. 温度

甜瓜是最喜温耐热的作物之一，极不耐寒，遇霜即死。种子发芽最适温度是30℃，植株生长适宜的温度，白天为26~32℃，夜间为15～20℃。甜瓜生长的最低温度为15℃，10℃以下停止生长，并发生生育障碍。甜瓜对高温的适应性非常强，30～40℃的范围内仍能正常生长结果。各个生长时期对温度的需求略有差异，开花坐果期温度最适25℃，果实成熟适温30℃。果实成熟期的昼夜温差对甜瓜的品质影响很大，在一定范围内，昼夜温差越大，植株干物质积累越多，果实可溶性固形物含量越高；反之则干物质积累少，果实可溶性固形物含量低。一般认为，开花结果期较适宜的昼夜温差是10～13℃，有利于坐果及果实膨大。昼夜温差能保持在13℃以上时，更有利于糖分的积累和果实品质的提高。

**2. 光照**

甜瓜是喜强光性作物，生育期内在强光条件下才能生育良好。光照不足，植株生长发育受到抑制，产量低，品质低劣。甜瓜的光饱和点为5.5万～6.0万lx（勒克斯），光补偿点一般在4 000lx（勒克斯），正常生长期间要求每天12h以上的日照时间。光照不足时，植株易徒长，叶色发黄，花小，子房小，易落花落果。结果期光照不足，不利于果实膨大，且会导致果实着色不良，香气不足，可溶性固形物含量不高，产量和品质下降等。设施栽培中，光照不足是经常遇到的问题，应注意增加光照。在设施早春育苗期间，苗床要注意补光，可以在苗床、棚室内后面挂反光幕；在苗床内温度与棚室内温度一样时，应尽早把苗床塑料薄膜揭开；连续阴天可用补光灯补光，但补光灯与甜瓜苗要保持一定间距，以防烤苗。

**3. 湿度**

甜瓜生育适宜的空气相对湿度为50%～60%，在土壤水分充足的条件下，空气湿度在30%时，甜瓜仍能够正常生长，且茎叶病害发生较轻。在空气干燥地区栽培的甜瓜甜度高，香味浓。在空气潮湿的地区栽培的甜瓜，水分多，味淡、品质差。空气湿度过高时不仅对甜瓜的生长发育有不良影响，更易诱发各种病害，如蔓枯病、炭疽病、霜霉病等。甜瓜在不同生育期对土壤水分的要求不同，幼苗期应维持土壤最大持水量的65%，伸蔓期为70%，果实膨大期为80%，结果后期为55%～60%。果实膨大期是甜瓜对水分需求的敏感期，果实膨大前期水分不足，会影响果实膨大，导致产量降低，且易出现畸形瓜、裂果等现象。

**4. 土壤**

甜瓜根系强壮，吸收力强，对土壤条件的要求不高，在沙土、沙壤土、黏土上均可种植，但以疏松、土层深厚、土质肥沃、通气良好、不易积水的沙壤土为最好。甜瓜对土壤酸碱度的要求不甚严格，适宜土壤为pH 5.5～8.0，在pH6～6.8条件下生长最好。甜瓜的耐盐能力也较强，土壤中的总盐量超过1.14%时能正常生长，适度含盐量可促进甜瓜植株生长发育，并提高品质，但盐碱过量会对产量和品质造成不良影响。

## （四）生产基地环境质量标准

为了保证甜瓜产品的质量，防止人类生产和生活活动产生的污染对甜瓜产地的影响，应根据产品质量要求合理选择符合无公害产品、绿色产品、有机食品生产要求的环境条件，实现环境、经济、社会三大效益可持续发展的目标。

在我国制定的《无公害食品蔬菜产地环境条件》（NY 5010—2002）、《绿色食品产地环境质量标准》（NY/T 391—2000）和《有机产品国家标准》（GB/T 19630—2011）等标准中，明确规定了产品产地的环境空气质量、灌溉水质、土壤环境质量的各项指标及浓度限值，分别简要介绍如下。

### 1. 无公害甜瓜生产基地环境质量标准

参照中华人民共和国农业部制定的《无公害食品蔬菜产地环境条件》(NY 5010—2002)，无公害甜瓜生产基地环境质量应选择在生态条件良好，远离污染源，并具有可持续生产能力的农业生产区域。无公害甜瓜产地环境空气质量应符合表2的规定，灌溉水质量应符合表3的规定，无公害甜瓜产地土壤环境质量应符合表4的规定。

**表2 无公害食品蔬菜生产基地环境空气质量要求**

| 项目 | | 浓度限值 | |
|---|---|---|---|
| | | 日平均 | 1h平均 |
| 总悬浮颗粒物（标准状态）($mg/m^3$) | ≤ | 0.30 | — |
| 二氧化硫（标准状态）($mg/m^3$) | ≤ | 0.15 | 0.50 |
| 氟化物（标准状态）($\mu g/m^3$) | ≤ | 7 | — |

注：日平均指任何1日的平均浓度；1h平均指任何1h的平均浓度

**表3 无公害食品蔬菜生产基地灌溉水质量要求**

| 项　目 | | 浓度限值 |
|---|---|---|
| pH | | 5.5～8.5 |
| 化学需氧量（mg/L） | ≤ | 150 |
| 总汞（mg/L） | ≤ | 0.001 |
| 总镉（mg/L） | ≤ | 0.01 |
| 总砷（mg/L） | ≤ | 0.05 |
| 总铅（mg/L） | ≤ | 0.10 |
| 铬（六价）（mg/L） | ≤ | 0.10 |
| 氰化物（mg/L） | ≤ | 0.50 |
| 石油类（mg/L） | ≤ | 1.0 |
| 粪大肠菌群（个/L） | ≤ | 40 000 |

**表 4　无公害食品蔬菜生产基地土壤环境质量要求**

| 项　　目 | | 含量限值（mg/kg） | | |
|---|---|---|---|---|
| | | pH < 6.5 | pH6.5 ~ 7.5 | pH > 7.5 |
| 镉 | ≤ | 0.30 | 0.30 | 0.60 |
| 汞 | ≤ | 0.30 | 0.50 | 1.0 |
| 砷 | ≤ | 40 | 30 | 25 |
| 铅 | ≤ | 250 | 300 | 350 |
| 铬 | ≤ | 150 | 200 | 250 |

注：本表所列含量限值适用于阳离子交换量 > 5cmol/kg 的土壤，若≤5cmol/kg，其标准值为表内数值的半数

**2. 绿色食品甜瓜生产基地环境质量标准。**

根据《绿色食品产地环境技术条件》（NY/T 391—2000）的规定，绿色食品甜瓜生产基地应选择在无污染和生态条件良好的地区，其生长区域内没有工业企业的直接污染，水域上游和上风口没有污染源对该区域构成污染威胁，使产地区域内的大气、土壤质量及灌溉用水等符合绿色食品产地生态环境质量标准。

绿色食品产地空气中各项污染物含量不应超过表 5 所列的浓度值，灌溉水中各项污染物含量不应超过表 6 所列的浓度值，土壤中的各项污染物含量不应超过表 7 所列的限值。

**表 5　绿色食品生产基地环境空气质量要求**

| 项　目 | | 标准状态浓度限值（$mg/m^3$） | |
|---|---|---|---|
| | | 日平均 | 1h 平均 |
| 总悬浮颗粒物（TSP） | ≤ | 0.30 | — |
| 二氧化硫（$SO_2$） | ≤ | 0.15 | 0.50 |
| 氮氧化物（$NO_x$） | ≤ | 0.10 | 0.15 |
| 氟化物（F） | ≤ | 7（$\mu g/m^3$）<br>1.8 [$\mu g/(dm^2.d)$]（挂片法） | 20（$\mu g/m^3$） |

注：①日平均指任何一日的平均浓度；②1h 平均指任何 1h 的平均浓度；③连续采样 3d，一日 3 次，晨、中和夕各 1 次；④氟化物采样可用动力采样滤膜法或用石灰滤纸挂片法，分别按各自规定的浓度限值执行，石灰滤纸挂片法挂置 7d。

**表6　绿色食品生产基地灌溉水质量要求**

| 项　目 | | 浓度限值 |
|---|---|---|
| pH 值 | | 5.5～8.5 |
| 总汞（mg/L） | ≤ | 0.001 |
| 总镉（mg/L） | ≤ | 0.005 |
| 总砷（mg/L） | ≤ | 0.05 |
| 总铅（mg/L） | ≤ | 0.1 |
| 六价铬（mg/L） | ≤ | 0.1 |
| 氟化物（mg/L） | ≤ | 2 |
| 粪大肠菌群（个/L） | ≤ | 10 000 |

**表7　绿色蔬菜生产基地土壤环境质量要求**

| 项目 | | 浓度限值（mg/kg） | | |
|---|---|---|---|---|
| pH 值 | | <6.5 | 6.5-7.5 | >7.5 |
| 镉 | ≤ | 0.3 | 0.3 | 0.4 |
| 汞 | ≤ | 0.25 | 0.3 | 0.35 |
| 砷 | ≤ | 25 | 20 | 20 |
| 铅 | ≤ | 50 | 50 | 50 |
| 铬 | ≤ | 120 | 120 | 120 |
| 铜 | ≤ | 50 | 60 | 60 |

为了促进生产者增施有机肥，提高土壤肥力，生产 AA 级绿色食品时，转化后的耕地土壤肥力要达到土壤肥力分级Ⅰ－Ⅲ级指标（表8）。

### 3. 有机食品甜瓜生产基地环境质量标准

参照《有机产品国家标准》（GB/T 19630—2011），有机农业生产是不采用基因工程获得的生物及其产物，不使用化学合成的农药、化肥、生长调节剂、饲料添加剂等物质，遵循自然规律和生态学原理，协调种植业和养殖业的平衡，采用一系列可持续发展的农业技术以维持持续稳定的农业生产体系的一种农业生产方式。

**表 8　绿色食品生产基地土壤肥力参考指标**

| 项目 | 级别 | 指标 |
| --- | --- | --- |
| 有机质（g/kg） | Ⅰ | ＞30 |
| | Ⅱ | 20～30 |
| | Ⅲ | ＜20 |
| 全氮（g/kg） | Ⅰ | ＞1.2 |
| | Ⅱ | 1.0～1.2 |
| | Ⅲ | ＜1.0 |
| 有效磷（mg/kg） | Ⅰ | ＞40 |
| | Ⅱ | 20～40 |
| | Ⅲ | ＜20 |
| 有效钾（mg/kg） | Ⅰ | ＞150 |
| | Ⅱ | 100～150 |
| | Ⅲ | ＜100 |
| 阳离子交换量（cmol/kg） | Ⅰ | ＞20 |
| | Ⅱ | 15～20 |
| | Ⅲ | ＜15 |
| 质地 | Ⅰ | 轻壤 |
| | Ⅱ | 砂壤、中壤 |
| | Ⅲ | 砂土、黏土 |

（1）有机食品甜瓜生产基地环境空气质量要求　有机甜瓜生产基地空气质量应符合《环境空气质量标准》（GB 3095—2012）中规定的二级标准（表 9）和有机生产基地环境空气污染物其它项目浓度限值（表 10）。

**表 9　有机食品生产基地环境空气质量标准**

| 项目 | 平均时间 | 浓度限值 |
|---|---|---|
| 二氧化硫（$SO_2$）（μg/$m^3$） | 年平均 | 60 |
| | 24 小时平均 | 150 |
| | 1 小时平均 | 500 |
| 二氧化氮（$NO_2$）（μg/ $m^3$） | 年平均 | 40 |
| | 24 小时平均 | 80 |
| | 1 小时平均 | 200 |
| 一氧化碳（CO）（mg/ $m^3$） | 年平均 | 4 |
| | 24 小时平均 | 10 |
| 臭氧（$O_3$）（μg/ $m^3$） | 年平均 | 160 |
| | 24 小时平均 | 200 |
| 颗粒物（粒径小于等于 10μm）（μg/ $m^3$） | 年平均 | 70 |
| | 24 小时平均 | 150 |
| 颗粒物（粒径小于等于 2. 5μm）（μg/ $m^3$） | 年平均 | 35 |
| | 24 小时平均 | 75 |

**表 10　有机食品生产基地环境空气污染物其他项目浓度限值**

| 项目 | 平均时间 | 浓度限值（μg/$m^3$） |
|---|---|---|
| 总悬浮颗粒物（TSP） | 年平均 | 200 |
| | 24 小时平均 | 300 |
| 氮氧化物（NOx） | 年平均 | 50 |
| | 24 小时平均 | 100 |
| | 1 小时平均 | 250 |
| 铅（pb） | 年平均 | 0. 5 |
| | 24 小时平均 | 1 |
| 苯并［a］芘（BaP） | 年平均 | 0. 001 |
| | 24 小时平均 | 0. 0025 |

(2) 有机食品甜瓜生产基地灌溉用水要求　参照《农田灌溉水质标准》(GB 5084—2005)，有机食品甜瓜生产基地灌溉用水水质需符合表 11 中的标准；水质选择性控制项目标准值应符合表 12 中的限值。

表 11　有机食品农田灌溉用水水质基本控制项目标准值

| 项目 | | 浓度限值 |
|---|---|---|
| 五日生化需氧量（mg/L） | ≤ | 40，15 |
| 化学需氧量（mg/L） | ≤ | 100，60 |
| 悬浮物（mg/L） | ≤ | 60，15 |
| 阴离子表面活性剂（mg/L） | ≤ | 5 |
| 水温（℃） | | 25 |
| pH 值 | | 5.5 ~ 8.5 |
| 全盐量（mg/L） | ≤ | 1 000（非盐碱土地区），2 000（盐碱土地区） |
| 氯化物（mg/L） | ≤ | 350 |
| 硫化物（mg/L） | ≤ | 1 |
| 总汞（mg/L） | ≤ | 0.001 |
| 镉（mg/L） | ≤ | 0.01 |
| 总砷（mg/L） | ≤ | 0.05 |
| 铬（六价）（mg/L） | ≤ | 0.1 |
| 铅（mg/L） | ≤ | 0.2 |
| 粪大肠菌群数（个/100mL） | ≤ | 2 000，1 000 |
| 蛔虫卵数（个/L） | ≤ | 2，1 |

表 12　有机食品农田灌溉用水水质选择性控制项目标准值

| 项 目 | | 浓度限值 |
|---|---|---|
| 铜（mg/L） | ≤ | 1 |
| 锌（mg/L） | ≤ | 2 |
| 硒（mg/L） | ≤ | 0.02 |

（续表）

| 项 目 | | 浓度限值 |
|---|---|---|
| 氟化物（mg/L） | ≤ | 2（一般地区），3（高氟区） |
| 氰化物（mg/L） | ≤ | 0.5 |
| 石油类（mg/L） | ≤ | 1 |
| 挥发酚（mg/L） | ≤ | 1 |
| 苯（mg/L） | ≤ | 2.5 |
| 三氯乙醛/（mg/L） | ≤ | 0.5 |
| 丙烯醛（mg/L） | ≤ | 0.5 |
| 硼（mg/L） | ≤ | 1（对硼敏感作物），2（对硼耐受性较强的作物），3（对硼耐受性强的作物） |

有机地块与常规地块的排灌系统应有有效的隔离措施，以保证常规农田的水不会渗透或漫入有机地块。

（3）有机食品甜瓜生产基地土壤环境要求　参照中华人民共和国有机产品国家标准 GB/T 19630—2011，有机食品甜瓜生产基地土壤环境需符合《土壤环境质量标准》（GB 15618—2008）中的二级标准，见表 13。

**表 13　有机食品生产基地土壤环境质量标准**

| 项目 | | 浓度限值（mg/kg） | | |
|---|---|---|---|---|
| 土壤 pH 值 | | <6.5 | 6.5～7.5 | >7.5 |
| 镉 | ≤ | 0.3 | 0.3 | 0 |
| 汞 | ≤ | 0.3 | 0.5 | 1.0 |
| 砷 | ≤ | 40 | 30 | 25 |
| 铜 | ≤ | 50 | 100 | 100 |
| 铅 | ≤ | 250 | 300 | 350 |
| 铬 | ≤ | 150 | 200 | 250 |

（续表）

| 项目 | 浓度限值（mg/kg） | | |
|---|---|---|---|
| 锌　≤ | 200 | 250 | 300 |
| 镍　≤ | 40 | 50 | 60 |
| 六六六 ≤ | 0. 5 | | |
| 滴滴涕≤ | 0. 5 | | |

注：①重金属（铬主要是三价）和砷均按元素量计，适用于阳离子交换量 > 5cmol（+）/kg 的土壤，若≤5cmol（+）/kg，其标准值为表内数值的半数。②六六六为四种异构体总量，滴滴涕为四种衍生物总量。③水旱轮作地的土壤环境质量标准，砷采用水田值，铬采用旱地值。

# 三、甜瓜品种类型与品种介绍

## （一）甜瓜的品种类型

按植物学分类方法，甜瓜可分为网纹甜瓜（var. *reticulatus*）、硬皮甜瓜（var. *cantalupensis*）、冬甜瓜（var. *inodorus*）、观赏甜瓜（var. *dudain*）、柠檬瓜（var. *chito*）、蛇形甜瓜（var. *flexuosus*）、香瓜（var. *makuwa*）和越瓜（var. *cocomon*）等8个变种。

按生态学特性，通常简单地把甜瓜分为厚皮甜瓜与薄皮甜瓜两种。近年来市场上出现了许多厚皮甜瓜与薄皮甜瓜杂交而成的中间类型的品种。

薄皮甜瓜果实较小，一般单瓜重0.3～1.0kg，中心可溶性固形物含量12%左右；果肉脆而多汁或面而少汁，皮薄，皮瓤一起食用。薄皮甜瓜较耐湿抗病，在我国分布较广，种质资源丰富，我国东北、华北是主要产区。薄皮甜瓜根据外形特征又分为4个品种群：一是白皮品种群，如益都银瓜、白沙蜜等；二是黄皮品种群，如金辉、黄金瓜等；三是花皮品种群，如羊角蜜、冰糖子等；四是绿皮品种群，如海冬青、王海瓜等。

相对于薄皮甜瓜，厚皮甜瓜生长发育要求温暖、干燥、昼夜温差大、日照充足等条件，以前只在我国西北的新疆、甘肃等地种植，如新疆的哈密瓜、甘肃的白兰瓜等。20世纪80年代，厚皮甜瓜东移栽培获得成功，面积迅速扩大。厚皮甜瓜按照表皮光滑程度和皮色分成5类：一是黄皮品种，如伊丽莎白、金玉、金蜜等；二是白皮品种，如白兔、京玉等；三是绿皮品种，如新世纪等；四是网纹品种，如鲁厚甜1号、蜜兰等；五是花皮品种，如流星等。

厚薄皮中间类型集合了厚皮甜瓜果肉较厚、耐贮运和薄皮甜瓜耐湿、早熟的优点，有些品种可连外果皮食用，有些品种外果皮仍然不能食用。目前生产上的主要品种有丰甜1号、中甜1号等。

## （二）优良品种的选用原则

目前，市场上的甜瓜品种良莠不齐，在选择品种时，应兼顾抗性、产量、品质和市场需求等多个因素。首先要根据当地市场的需求、消费习惯和消费水平确定品种类型，即确定选择厚皮或薄皮、早熟品种或晚熟品种，并考虑皮色、肉色，然后确定具体品种。其次要根据栽培季节、上市时期、设施条件选择品种，如春早熟栽培一般要求耐低温、耐弱光且生育期较短的品种。

另外，要依据品种抗性选择品种。生产中可依据上年度或近几年病害发生情况选择适宜的品种。如上年或近几年病害发生较重时要选择对同一病害具备较强抗病能力的品种。

## （三）优良品种介绍

### 1. 厚皮甜瓜品种

厚皮甜瓜优良品种有鲁厚甜1号、翠蜜、西州蜜17、西州蜜25、京玉5号、美琪、玉金香、伊丽莎白、金蜜、瑞红、天蜜脆梨、红妃、一品红等品种。

（1）鲁厚甜1号　山东省农业科学院蔬菜研究所育成的网纹厚皮甜瓜一代杂交种。该品种适应性强，生长强健，抗病，易坐果。开花至果实成熟需50d左右。果实高球形，单果重1.2～1.7kg。果皮灰绿色，网纹细密，果肉厚，黄绿色，酥脆细腻，清香多汁，久贮不变味，可溶性固形物含量15%左右，果皮硬，耐贮运。可进行多茬留瓜，一般每667m$^2$产量可达2 500～3 500kg。

适于冬春茬及秋冬茬设施栽培。

（2）蜜兰　台湾农友种苗公司育成的厚皮甜瓜一代杂交种。植株长势较强，生育期为85～120d，开花至果实成熟需45 d左右。果实高球形，成熟时果皮浅黄色，网纹细密、稳定。单果重1.25kg左右，肉色密白，果肉厚，可溶性固形物含量为14%～16%，肉质柔软细嫩，应适时采收、贮运。适合冬春茬和秋冬茬设施栽培。

（3）新世纪　台湾农友种苗公司育成的厚皮甜瓜一代杂交种。植株长势较强，生育期为85～120d，果实发育期45d左右。植株生长健旺，耐低温，结果力强。果实为橄榄形或椭球形，成熟时果皮淡黄色，有稀疏网纹。单果重2kg左右。果肉厚，呈淡橙色，肉质脆嫩爽口，风味上佳。可溶性固形物含量14%左右。果硬，果蒂不易脱落，品质稳定，耐贮运。

（4）京玉4号　国家蔬菜工程技术研究中心育成的厚皮甜瓜一代杂交种。植株长势较强，果实圆球形，果皮灰绿色，网纹美观，单果重1.5～2.2kg，果肉橙红色，可溶性固形物含量14%～18%。耐贮，货架期长。高抗白粉病，适合设施栽培。

（5）京玉5号　国家蔬菜工程技术研究中心育成的厚皮甜瓜一代杂交种。植株长势较强，抗病，果实高圆形，单果重1.2～2.4kg，果皮灰绿色，上覆均匀突起网纹，果肉绿色，可溶性固形物含量15%～18%，口感风味俱佳。中晚熟，耐贮运。

（6）美琪　寿光市三木种苗有限公司育成的厚皮甜瓜一代杂交种。该品种长势旺，易栽培。果实圆形，果皮灰绿色，有均匀细密美丽的网纹。肉厚，翠绿色，可溶性固形物含量15%～18%，品质佳，口味好。单果重2.0～3.5kg，开花后40～45d成熟，不易脱蒂，不易裂瓜，果硬耐贮运，有较强抗病能力。该品种适于春秋两季设施种植。

（7）翠蜜　台湾农友种苗公司育成的厚皮甜瓜一代杂交种。该品种是网纹甜瓜早期品种，可溶性固形物含量高，也是山东省最早引种并大面积推广的网纹厚皮甜瓜品种之一。生长强健，栽培容易，果实高球形乃至微长球形，果皮灰绿色，单果重约1.5kg，网纹细密美丽，果肉翡翠绿色，可溶性固形物含量约17%，最高可达19%，肉质细嫩柔软，品质风味优良。开花后约45d成熟，不易脱蒂，果硬耐贮运。该品种在冷凉期成熟时果皮不转色，宜根据授粉时间及瓜前叶的变化判断熟期。刚采收时肉质稍硬，经2~3d后熟后，果肉即柔软，久贮香味浓烈，品质变差。抗枯萎病，适合设施栽培。

(8) 抗病3800　台湾农友种苗公司育成的厚皮甜瓜一代杂交种。该品种长势较强，坐果容易，果实椭圆形，灰绿皮，网纹稳定，单果重约2.5kg，果肉橙色，可溶性固形物含量约15%，肉质脆爽。全生育期约90~120d，果实发育期约45~55d。较抗枯萎病，栽培容易，耐低温，耐弱光，丰产性好。

(9) 玉金香　甘肃省河西瓜菜研究所育成的一代杂交种。该品种品质优，抗病性强，生态适应性广，生长势稳健，丰产潜力大。果实高圆形，单果重0.8~1.0kg，果皮灰绿黄白色，果肉乳白细腻，甘甜可口，香味清淡，可溶性固形物含量高者可达19%左右。

(10) 西州蜜17　新疆哈密瓜研究中心育成的厚皮甜瓜一代杂交种。该品种山东春季日光温室栽培全生育期120d左右、秋季日光温室栽培95d左右，果实发育期50d。果实椭圆形，黑麻绿底，网纹中密全，果形指数约为1.4，平均单果重2.0~2.5kg；果肉橘红，肉质细、脆，蜜甜、风味好，肉厚3.2~4.7cm，中心可溶性固形物含量15.2%~17.0%，品质稳定，抗病性较强，较耐贮运。

(11) 西州蜜25　新疆哈密瓜研究中心育成的厚皮甜瓜一代杂交种。该品种果实椭圆，浅麻绿、绿道，网纹细密。单果重1.5kg左右，果肉橘红色，肉质细、松、脆、爽口，风味品质良好，中心平均可溶性固形物含量17%~18%。耐贮藏，常温下存放7d瓜瓤不变软且边糖有所提高。

(12) 玉露　台湾农友种苗公司育成的厚皮甜瓜一代杂交种。该品种中早熟，结果力强，栽培容易。果实球形，成熟果奶油色稍带淡黄色，果面有疏网纹，单果重约 1.5kg，肉色淡绿，可溶性固形物含量约 16%，充分成熟时易脱蒂，宜把握适期采收。该品种生长强健，抗枯萎病，耐霜霉病，容易栽培。适于夏秋栽培。

(13) 黄皮 9818　新疆哈密瓜研究中心育成的一代杂交种。该品种植株生长势强，坐果容易，整齐度好。全生育期 105d 左右，果实发育期 45d。单果重 0.8 ~1.6kg。果实椭圆形，黄皮，具粗稀网纹。果肉橘红色，有清香，肉厚 2.7 ~3.8cm，中心可溶性固形物含量 14% 以上，肉质脆沙，口感风味好，耐贮运。

(14) 伊丽莎白　由日本引进的厚皮甜瓜一代杂交种，是我国推广种植面积最大的品种之一。具有早熟、高产、优质、适应性广、抗性强等特点，特别是耐弱光能力强，易于栽培。耐低温、节间短、生长健壮、易坐果、易管理。果实圆球形，果实成熟后，果皮橘黄色，光滑鲜艳，整齐漂亮，无棱沟。果肉白色，肉厚 2.8 ~3cm，腔小，细嫩可口，单果重 0.6 ~0.8kg，最大可达 1.5kg 以上，脐小，具浓香味，耐贮运。早熟栽培全生育期 100d 左右，果实发育期 35d 左右。成熟后不易落果，耐贮运。

(15) 金蜜　合肥丰乐种业股份有限公司育成的厚皮甜瓜一代杂交种。该品种早熟、易结果，全生育期 100d 左右，雌花开放至果实成熟 38d 左右，果实圆球形，成熟果金黄色，光滑，有光泽。果肉橘红色，肉厚 3.7cm，肉质细酥脆，汁多爽口，可溶性固形物含量 14% ~16%，高的可达 17% 以上，纤维极少，香味纯正，品质优良，果皮韧性强，耐贮运，平均单果重 1.5kg 以上。该品种早熟，长势较旺，抗性强，适应性广，易栽培。

(16) 迎春　又名黄皮大王，河北富研瓜菜种苗中心育成的厚皮甜瓜一代杂交种。该品种果实圆形，表皮光洁，深金黄色，单果重 1.5 ~2kg，产量高，果肉白色，肉厚腔小，可溶性固形物含量达 16% ~18%，熟后不落蒂，极耐贮运；抗逆性强，在低温下长势稳健，抗病性强，极易坐瓜，适宜设施早熟栽培。

（17）状元　台湾省农友种苗公司育成的厚皮甜瓜一代杂交种。该品种早熟，易结果，开花后40d左右成熟。成熟后果面呈金黄色，果实橄榄形，脐小，单果重1.5kg，果肉白色，靠腔部为淡橙色，可溶性固形物含量14%～16%，肉质细嫩，品质优良。果皮坚硬，不易裂果，但贮藏时间较长时有果肉发酵现象。该品种株形小，适于密植，低温下果实膨大良好。

（18）金玉　山东省农业科学院蔬菜研究所选育的厚皮甜瓜一代杂交种。极早熟，果实发育期30d，果实圆形，果皮黄色，果肉绿白色，肉厚3cm左右，肉质细嫩，清香，果肉久贮不变质，风味佳，可溶性固形物含量为15%左右，单果重0.8～1.4kg。该品种过熟易落蒂，需适期采收。

（19）红妃　合肥丰乐种业股份有限公司选育的厚皮甜瓜一代杂交种。早熟，果实发育期35d左右。果实圆球形，成熟果白里透红，果面洁白，转色早而快；果肉橘红色，色艳而匀，肉厚4.5～5cm，肉质较脆，汁多味甜，中心可溶性固形物含量可达14%～17%；单果重1.7～3.0kg，皮薄质韧，耐贮运。

（20）M115　山东省农业科学院蔬菜研究所选育的厚皮甜瓜一代杂交种。该品种为早熟大果型黄皮品种，果实发育期35d，单果重1.5～2.0kg。果实高圆形，果皮黄色，果肉橙色，肉厚4cm左右，肉质细脆清香，可溶性固形物含量为14%左右。该品种株型紧凑，坐果容易，产量高，耐贮运，适合设施栽培。

（21）天蜜脆梨　济南市鲁青园艺研究所开发的甜瓜品种。该品种单果重0.7～1.0kg，果实椭圆形，表皮纯白色，手触有蜡质光滑感；果肉厚3～5cm，质地细密，晶莹剔透，入口清甜，脆爽如梨，品质上乘。该品种极耐贮运，自然条件下可存放30d以上。

（22）京玉月亮　北京市农林科学院育成的厚皮甜瓜一代杂交种。早熟，长势较强。果实圆形，果皮白色，外观漂亮。果肉红色，肉质细嫩爽口，可溶性固形物含量14%～18%，单果重

1.2～2.2kg。

（23）玉姑　由台湾农友公司引进的厚皮甜瓜一代杂交种。长势较强，坐瓜能力强。早熟，果实发育期40d左右，果实高球形，果皮白色，果面光滑或有稀少网纹，果肉淡绿而厚，种子腔小，单果重约1.5kg，可溶性固形物含量约17%。肉质柔软细腻，后熟待果肉软化后食用品质更佳。该品种抗枯萎病，适于设施及露地栽培。

（24）蜜世界　台湾农友公司育成的厚皮甜瓜一代杂交种，为世界最著名的蜜露（Honey Dew）型品种。开花至果实成熟需要45～55d，果实长球形，果皮淡白绿色，果面光滑或偶有稀少网纹，单果重约2kg，肉色淡绿，肉质柔软，细嫩多汁，无渣滓，可溶性固形物含量约16%，品质优，风味美，低温结果力甚强，果肉不易发酵，果蒂不易脱落，贮运力特强，产量高。

（25）一品红　由中国农业科学院郑州果树研究所育成的优质、脆肉型早熟厚皮甜瓜一代杂交种。该品种果实发育期30～38d，单果重1.5～2.5kg，高圆形果，果皮金黄；果肉橙红色，果肉厚4.0cm以上，中心可溶性固形物含量13%～17%，肉质具哈密瓜脆香风味。适于东部地区设施栽培。

（26）雪里红　新疆哈密瓜研究中心育成的厚皮甜瓜一代杂交种。该品种中早熟，果实发育期约40d。果实椭圆形，果皮白色，偶有稀疏网纹，成熟时白里透红，果肉浅红，肉质细嫩，松脆爽口，中心可溶性固形物15%以上，单果重约2.5kg。该品种皮脆易裂，后期注意控制土壤湿度。

（27）白流星　北京市农林科学院育成的厚皮甜瓜一代杂交种。果实椭圆形，单果重1.2～1.6kg；皮色白，外观晶莹剔透，上覆深绿断条斑纹，酷似流星雨状。果肉绿色，肉质细腻爽口。可溶性固形物含量14%～16%。适合设施栽培。

（28）景甜1号　黑龙江省景丰良种开发有限公司育成。该品种植株生长旺盛、较晚熟。果实长圆形，单果重1.0kg。果皮白绿色，果肉绿色，肉厚4cm左右，可溶性固形物含量15%左右，耐贮运。抗病性强。

(29) 中甜1号　中国农业科学院郑州果树研究所育成的一代杂交种。果实长椭圆形，果皮黄色，上有10条银白色纵沟。果肉纯白色，肉厚2.5cm左右，肉质细脆爽口，单果重1.0～1.5kg，可溶性固形物含量14%左右，耐贮运性好。

(30) 丰甜1号　合肥丰乐种业股份有限公司育成的一代杂交种，果实椭圆形，成熟果金黄色，具有10条左右银白色条带。果肉白色、肉厚，质细脆，中心可溶性固形物含量14%左右，平均单果重1.2kg。该品种适应性、抗病性强，适早春设施栽培和秋延迟栽培。

(31) 瑞红　河北省廊坊市科龙种子有限公司选育的中早熟品种。从雌花开放到果实成熟40d左右，果实圆形，果皮橘红色，表皮光滑细腻。肉厚，白色，子腔小，可溶性固形物含量15%～16%。口感脆甜，风味独特。植株长势强，耐低温弱光，适合冬春设施栽培。

(32) 中甜4号　中国农业科学院郑州果树研究所选育的厚皮甜瓜一代杂交种。生育期90～100d，果实圆球形，果皮金黄色，果肉白色，腔小，单果重1.5～2.5kg，肉厚4.0cm左右，可溶性固形物含量14%～16%，肉质细脆，清香爽口，耐贮运，适于日光温室和大拱棚栽培。

(33) 丰甜2号　安徽省合肥丰乐种业股份有限公司选育。早熟品种，雌花开放到果实成熟30～35d。以孙蔓结瓜为主，果实圆球形，单果重约1kg，成熟瓜金黄色，瓜肉白色至淡绿色，可溶性固形物含量14%～16%，肉质细嫩，香味浓，适于设施栽培。

### 2. 薄皮甜瓜品种

目前，设施栽培的主要薄皮甜瓜品种有：甜宝、脆宝、景甜208、景甜5号、羊角脆、羊角蜜、冰糖子、陕甜1号、极品早雪等。

（1）青州银瓜　原产于山东益都（今山东青州市），原名益都银瓜，盛产于弥河两岸沙滩地，是我国著名的薄皮甜瓜品种。青州银瓜是一个品种群，主要有禾银瓜、大银瓜、小银瓜3个变种，以禾银瓜的栽培面积最大，可溶性糖含量最高。禾银瓜蔓短，叶小，生长势较弱。一般单果重300～400g，产量稍低。果实成熟后呈淡黄色，品质极佳，中心可溶性糖含量达13%～15%，最高可达17%，脆甜适口。该变种目前占青州银瓜种植面积的90%以上。青州银瓜皮特脆，不耐贮运。对栽培条件要求较为严格。

（2）景甜208　黑龙江省景丰良种开发有限公司育成。极早熟，易坐果，成熟果雪白光滑，单果重550g左右，可溶性固形物含量13%左右，肉色白，质脆甜，耐贮运，抗病性强，果实膨大速度快，产量高，适于设施及露地栽培。

（3）陕甜1号　西北农林科技大学园艺学院育成。果实发育期约25d，单果重500～600g。果实充分成熟后果面白亮，有黄晕，果肉白色，可溶性固形物含量11%～13%，肉质脆爽香甜，风味上乘，品质佳美，不易发软发面。植株长势强，抗霜霉病、白粉病、蔓枯病等，适应性广，果实外皮薄而韧，耐贮运，商品性好。

（4）景甜5号　黑龙江景丰农业高新技术开发有限公司育成的品种。中早熟，薄厚皮中间型，可溶性固形物含量15%～18%，香甜适口，品质极佳，单果重500～750g，抗病性强，七成熟时即可抢早上市，耐贮存和长途运输。

（5）白沙蜜　河南漯河市地方品种，目前全国各地均有种植。该品种肉质脆、甜度高、适应性强。果实长圆形，果皮乳白色。早熟，从开花到成熟28d左右，果大而均匀，单果重400g左右，成熟瓜雪白色，可溶性固形物含量高，最高可达16%以上，肉脆多汁。商品性状优良，耐贮运。

（6）极品早雪　由山东科丰公司推出的薄皮甜瓜一代杂交种。该品种特早熟，果实发育期24d。单果重400～600g，果形端正，果皮白色，果面洁白光亮，晶莹剔透，果肉白色，可溶性固形物含量14%以上，风味好。子蔓、孙蔓极易坐瓜，抗枯萎病。

(7) 永甜9号　黑龙江省齐齐哈尔市永和甜瓜经济作物所选育。早熟品种，从出苗至开花35～40d，从开花至始收28～30d。果实梨形，大小整齐一致，白皮，成熟后有黄晕，表皮光滑，瓜肉白色，瓤粉色，单果重350～400g。果肉甜脆适口，有清香味。耐贮运。抗白粉病和霜霉病。适于设施冬春季栽培。

(8) 金妃　黑龙江省农业科学院大庆分院选育的一代杂交种。该品种早熟、抗病，子蔓和孙蔓均可结瓜，结瓜能力强，每株结瓜6～8个，单果重500g左右。结瓜采收集中。果实长圆形，成熟瓜黄白色，覆绿色条纹，具有传统薄皮甜瓜特有的清香气，微沙甘甜，果实可溶性固形物含量高。不易裂瓜，不倒瓤。

(9) 王海瓜　河南省著名的地方良种。中熟种，生育期约90d，果实筒形，深绿皮，具有10条淡黄色浅沟，果脐大，平均单果重600g，最大可达800g。果肉白色，肉厚2cm，质地细脆，多汁味甜，浓香，可溶性固形物含量12%～15%，风味好，品质上乘，耐贮运。河南、陕西等地种植面积较大。

(10) 海冬青　上海郊区优良地方品种。生长势强，产量高，中熟偏晚，生育期90d以上。果实长卵形，果形指数1.5左右。单果重约500g，皮灰绿色，间有白斑，果面光滑，脐小。绿肉，肉厚约2cm，味甜质脆，可溶性固形物含量10%以上，品质优良。

(11) 青平头　陕西关中地区主栽品种。中熟品种，生育期85～90d。果实长卵形，顶部大而平。果面灰绿，覆细绿点，并有10条灰白较窄浅沟，单果重约500g。果肉淡绿色，肉厚2.5cm，肉质细脆，多汁，清甜，品质上等，可溶性固形物含量14%左右。

(12) 龙甜1号　黑龙江省农业科学院园艺研究所选育，东北三省的主栽品种之一。早熟品种，生育期70～80d。果实近圆形，幼果绿色，成熟时转为黄白色，果面有10条纵沟，平均单果重500g。果肉黄白色，肉厚2～2.5cm。质地细脆，味香甜。可溶性固形物含量12%，高者达17%。单株结瓜3～5个。

（13）盛开花　陕西、河南两省的地方品种。早熟高产，全生育期90d左右。雌花多，易坐果，单果重0.5～1.2kg，果实椭圆形，绿皮绿肉，可溶性固形物含量9.8%左右。中抗霜霉病。主蔓、子蔓、孙蔓均可结瓜，抗逆性强，适宜范围广，全国各地均可种植。

（14）甜宝　由日本引进。中晚熟，植株生长势强，开花后35d左右成熟。果实微扁圆形，果皮绿白色，成熟时有黄晕，香气浓郁，果脐明显，抗病性强，单果重400～600g，果实圆球形，果肉白绿色，皮色由绿色变黄色时即可食用。子、孙蔓结瓜。可溶性固形物含量16%左右，香甜可口，抗枯萎病、炭疽病、白粉病，耐运输。

（15）冰翡翠　又名脆宝，是长春大富农公司育成的一代杂交种。该品种植株生长健壮，抗病、逆性强，不易早衰。以孙蔓结瓜为主，生育期80d左右。果皮深灰绿色，偶有青肩纹。单果重400～600g，单株结果6个左右。果肉碧绿，肉厚2.6cm，质地细脆，酥爽可口，可溶性固形物含量17%。果柄不易脱落，耐低温弱光性强，栽培容易，贮运性良好。

（16）红城10号　内蒙古大民农业科学研究院选育的一代杂交种。中早熟品种，全生育期75d左右，开花至果实成熟28d左右。果实阔梨形，单果重300～500g，果皮黄白色略带微绿，表面光滑，外形美观，商品性好。果肉白色，肉厚1.5cm，肉质甜脆适口，香味浓郁。植株长势旺，抗逆性强，抗枯萎病，较抗炭疽病，耐贮运，丰产性好。

（17）红城7号　内蒙古大民农业科学研究院选育的一代杂交种。属中熟品种，开花至果实成熟28d，幼苗生长健壮，抗病，极易坐果。果实黄绿色，阔梨形，肉厚1.5cm，肉质甜脆馨香，风味独特，可溶性固形物含量15%以上，单果重500g左右，耐贮运，抗逆性强。

（18）羊角脆　华北地区地方品种。早熟，开花后约15d即可采收嫩瓜。果实羊角形，单果重800g左右，果实灰白色，果肉淡绿色，肉厚2cm左右，瓜瓤橘黄色，可溶性固形物含量高，瓜型美观。肉质香、甜、脆、酥、嫩、多汁，口感透爽，品质上乘。坐果能力强，丰产性好。

（19）羊角蜜　地方品种。早熟，开花后约30d即可采收。果实羊角形，单果重700g左右，果皮绿色，上腹深绿条斑，肉色淡橙，肉厚2cm左右，瓜瓤橘黄色，可溶性固形物含量高。肉质脆酥多汁，口感清爽。坐果容易，抗病、丰产。

（20）冰糖子　地方品种。果实梨形，单果重200～400g，花皮，条纹清晰，瓤淡黄色，可溶性固形物含量12%～14%，肉质脆甜爽口，耐贮运。

（21）花蕾　天津科润蔬菜研究所培育的薄皮甜瓜一代杂交种。长势旺盛，综合抗性好。子蔓、孙蔓均能结瓜，单株可留瓜4～5个，平均单果重500g，果实成熟期30d。成熟果皮黄色，覆暗绿色斑块。果肉绿色，可溶性固形物含量15%以上。肉质脆，口感好，香味浓。春季设施、露地均可种植。

（22）落花甜　生长势强，主蔓、子蔓、孙蔓均可结瓜，坐果性好。单株结瓜5～7个，最大单果重800g左右，果实近圆形，果皮上有浅绿花纹，成熟后阳面金黄，果肉粉红色，可溶性固形物含量14%～15%，品质上乘，味甜质脆。

（23）八里香　吉林省优良地方品种。早中熟，生育期85d。果实卵圆形，果形指数1.06，平均单果重600g，果皮黄色覆绿色花斑，并有黄绿色浅纵沟。果肉白绿色，肉厚2.4cm，质脆，可溶性固形物含量10%左右，品质中上。单株结瓜2～3个。

（24）久青蜜　由安徽省合肥久易农业开发有限公司选育。早熟，果实发育期26～30d。果实圆形，成熟果呈浅绿色，单果重300～500g。可溶性固形物含量14%～17%，味香甜。皮薄，质韧，耐贮运，不易裂果。

（25）绿青蜜　长春大富农种苗科贸有限公司选育。早熟，果实发育期30d左右。植株长势健壮。果实阔梨形，深绿色，外表光亮，单果重400～600g，果肉碧绿，肉厚，腔小，可溶性固形物含量14%～16%。皮薄，质韧，耐贮运，不易裂果。

（26）星甜18　河北双星农业科技有限公司选育的极早熟薄皮甜瓜一代杂交种。植株生长强健，抗甜瓜枯萎病和蔓枯病。耐低温弱光，易坐果且集中，开花后22d转白即可上市，果实矮梨形，白皮，白肉，一般单果重300～400g。品质优，商品性好，可溶性固形物含量14%左右。

# 四、设施甜瓜栽培方式与茬口安排

适合甜瓜栽培的主要设施有日光温室（又称冬暖大棚）、大拱棚、小拱棚等，而温度、光照、湿度等是影响甜瓜生长的主要环境因素，生产上要充分发挥上述设施对环境的调控作用，做到一年多茬栽培，多季供应。

## （一）根据四季气候确定栽培方式

在我国北部，2 月上旬以后，气候发生明显变化，光照强度逐渐增强，晴天日数增多，3～5 月，总体上光照条件较好，日照时数多。且外界的温度逐渐升高，通过调控措施可以在日光温室及塑料大棚内创造出适合甜瓜生长的温度和光照条件，如较高的温度及较大的昼夜温差，因此春季是甜瓜生产的黄金季节，此期生产的甜瓜产量高、品质优、效益好。故春季栽培甜瓜时应把结果期安排在 3～5 月这一段时间内。从近几年的市场行情看，在这段时间内收获的甜瓜，采收越早，效益越高，因此在保护设施能满足甜瓜对温光条件要求的前提下，可以适当早播种，以提高经济效益。

进入 6 月份以后，特别是 6 月下旬以后，北方各地夜温已经偏高，昼夜温差减小，果实中的糖分积累受到限制，有的年份还可能进入雨季，光照不足，昼夜温差小，以及空气湿度过大，均不利于瓜内糖分的积累，显著影响瓜的品质。

虽然甜瓜是喜温作物，但温度太高不利于甜瓜的生长发育，特别是高温造成开花授粉和果实发育不良，加之夏末秋初在北方正是雨季，设施内容易发生涝害，这对甜瓜的危害很大，容易发生蔓枯病等。因此初秋季节，以养根、保秧为主，通过播种期调节，尽量避开在此期授粉坐瓜。正常栽培的授粉期一般安排在 9 月份为宜。由于秋后温度逐渐降低，光照逐渐减弱，而甜瓜的膨大、成熟又要求较高的温度、较强的光照和较大的昼夜温差，故结果期（特别是膨瓜期）不宜太晚。无论什么品种，在 10 月中旬前结束膨瓜，11 月中旬前收获完毕比较适宜。

北方多数地区冬季最冷季节一般在 12 月下旬至 2 月上旬，这也是大棚内的低温季节。虽然在保温采光性能较好的日光温室内，这段时间土壤耕作层 10cm 地温仍可维持在 10℃以上，但仍达不到甜瓜生长的适宜温度。加之冬季光照弱，因此非常不利于甜瓜的生长。由于育苗床面积小，温、光条件易于控制，可以人为增温和补光，故可以在这段时间内安排冬春茬或早春茬甜瓜的育苗，以及在保温条件好的温室、大拱棚内安排定植，但不宜将甜瓜的结果期安排在这段时间内。

## （二）栽培方式及茬口安排

根据四季气候特点及不同的设施条件，在北方进行设施甜瓜日光温室、大拱棚栽培，可安排如下几种主要方式，各地可根据当地的条件加以选择。

### 1. 日光温室冬春茬栽培

选择采光保温条件好的日光温室，在 11 月下旬至 12 月中旬育苗，苗龄 40～45d，定植后 35～40d 授粉，授粉后一般品种需要 35～50d 成熟。初始收获期为 3 月下旬至 4 月中旬。相对而言，此茬栽培对设施条件要求高，投入成本也较高，但效益一般也是最高的。对于保温条件一般的普通日光温室，为保证甜瓜的安全渡过育苗期而不受冻害等，播种期可适当延迟至 12 月下旬至 1 月中旬，收获期为 4 月中旬至 5 月中旬，这种方式效益仍然比较高，但受到低温危害的风险低。总之，冬春茬栽培，其播种、定植时间主要取决于保护设施的保温性能。

**2. 大拱棚早春茬栽培**

利用大拱棚栽培甜瓜，在确定播种期时需先根据大拱棚的保温设施的保温情况确定定植期，并根据育苗的苗龄向前推算播种期。一般保温条件好的大、中拱棚在前期三膜一苫（即大棚内扣小拱棚，小拱棚外盖草苫等不透明覆盖物，地面覆盖地膜）条件下，可在2月下旬至3月上旬定植。因甜瓜的适宜苗龄为35～40d，故播种期为1月中旬至2月上旬，定植后30～40d开花授粉，再过35～45d可成熟（根据品种特性其成熟有所不同），一般在5月中旬至6月上旬收获。

**3. 大拱棚夏秋茬栽培**

为满足中秋节（或国庆节）期间的甜瓜供应，生产上近年来还出现了以中秋节（或国庆节）供应为目标的栽培茬次。根据中秋节（每年有所不同）时间或国庆节，再根据甜瓜品种整个生育期天数向前推算播种期。如山东莘县种植伊丽莎白为主，此茬从播种到收获的生育期一般为75～80d，则在中秋节或国庆节前75～80d进行播种。种植过程中注意加强通风，防止大拱棚内高温，同时要严防各种病虫害的发生。

**4. 大拱棚秋延迟栽培**

7月中、下旬播种育苗，15d后大拱棚定植，收获期为11月上、中旬。

**5. 日光温室秋冬茬栽培**

8月上、中旬播种育苗，20d后日光温室定植，收获期为11月中旬至12月上旬。如果选用耐贮品种，并加以妥善贮藏，也可以在12月至新年上市供应。

山东省甜瓜主要栽培方式及茬口安排见表14。

**表14　山东甜瓜主要栽培方式及茬口安排**

| 栽培方式 | 直播或育苗 | 播种期（月旬） | 定植期（月旬） | 供应期（月旬） | 苗期（d） | 全生育期（d） |
| --- | --- | --- | --- | --- | --- | --- |
| 日光温室冬春茬 | 育苗 | 11下—12中 | 1中—1下 | 3下—4中 | 45 | 120～130 |
| 大拱棚早春茬 | 育苗 | 1中—2上 | 2下—3上 | 5中—6上 | 35 | 120 |
| 大拱棚夏秋茬 | 直播或育苗 | 6下—7上 | 7中—7下 | 9下—10上 | 15 | 75～80 |
| 大拱棚秋延迟茬 | 育苗 | 7中—7下 | 8上 | 11上—11中 | 15 | 80～100 |
| 日光温室秋冬茬 | 育苗 | 8上—8中 | 8下—9上 | 11中—12上 | 20 | 95～110 |

相对而言，大拱棚甜瓜夏秋茬及秋冬茬栽培有一定难度。这是由于此茬栽培环境较差，技术难度大，管理水平需相应提高；并且在秋茬甜瓜上市时，市场上各种水果供应较为丰富，都在一定程度上影响了秋茬甜瓜的效益。虽然从栽培上有一定难度，但只要把握好甜瓜的生育规律，适时有效地调节生育环境，根据目前的技术条件，栽培成功很有把握。另外，由于秋冬茬生产成本相对较低，还是能够取得较好的效益。

# 五、甜瓜育苗技术

甜瓜栽培采取育苗措施，尽量使幼苗在最佳温光条件下生长，可使播种期提前、植株健壮、促进早熟丰产。育苗还能节省土地、提高复种指数。由于采用了加温、覆盖、补光、遮阴、防虫网隔离等措施，可减少苗期的自然灾害。集中育苗比直播更便于控制温度、光照、水肥，也便于控制病虫害。总之，采取育苗措施为甜瓜幼苗提供了适宜的生长发育条件，有利于幼苗长壮，并可促进花芽正常分化，提高幼苗抗逆性、抗病力。

## （一）常规育苗技术

### 1. 冬春季育苗技术

（1）育苗床的准备　苗床的准备工作包括营养土制备、育苗钵或育苗盘准备以及做育苗床等工作。

①营养土配制。由于各地肥源不同，营养土的配制上有较大差异。有条件的也可以选用商品育苗营养土。自制营养土有两种常用配方：一种是草炭 50%、腐熟马粪 20%、大粪干 10%、大田土 20%；另一种是肥沃大田土 60%、厩肥 40%。在没有草炭和马粪的地方可选第二种配方，若土质黏重，可适当增加厩肥或加入少量细沙。如营养土过于疏松，可适当增加厩肥或黏土来调整。配制营养土所用的有机肥，应经高温堆制发酵，并充分腐熟后捣细过筛。若用肥沃的田园土配制营养土，则必须是 4 ~5 年内没有种过瓜类的园土。大田土可选用玉米、小麦等为前茬的土壤。用上述方法将营养土配好后，每 $1m^3$ 营养土再加复合肥 1.5kg、草木灰 5kg、

50%敌磺钠（敌克松）或75%甲基硫菌灵80g、敌百虫（或辛硫磷）60g。可先用少量土与药混匀，再掺入营养土中，最后将全部营养土充分拌匀，堆闭7～10d后，装入营养钵中或育苗盘。

②育苗钵或育苗盘。育苗钵一般采用8cm口径，育苗盘一般使用32孔或50孔穴盘。向育苗钵、穴盘内装营养土时，不宜装得太满，上口留出1.5～2.0cm，以便于浇水和播种后覆土。

③育苗床。甜瓜冬季育苗大多在日光温室或大拱棚中进行。在大拱棚内育苗，播种时间应比在日光温室内晚，并需添加覆盖物。如果有其他加温措施如暖风炉等，也可以适当早育苗。最好选用东西向的大棚进行育苗，育苗床建在大棚中间位置。日光温室可在后立柱与中立柱之间及中立柱与前立柱之间分别建苗床；无立柱式日光温室的苗床如果地方宽敞，其育苗床最好建在温室内的中间位置。

冬春季在日光温室及大拱棚内育苗，必须采用温床或采取其他辅助加温措施育苗。生产上一般多采用电热温床或暖风炉加温育苗。电热温床通常是在苗床营养土或营养钵下面铺设电热线，通过电热线来提高苗床内的土壤和空气温度，以此来保证蔬菜育苗成功。

甜瓜冬季采用电热温床育苗，易于控制苗床温度，便于操作管理。在温室、大棚内建平畦苗床，床宽1.2～1.5m，长度据需要而定。在铺设电热线前，首先应根据电热温床总功率和线长计算出布线的间距。

电热线总功率＝单位面积所需功率×加温面积

电热线根数＝电热线总功率÷每根电热线功率

布线行数＝（电热线长度-苗床宽度×2）÷苗床长度

甜瓜育苗每1m$^2$所需功率一般为100～120W。布线行数需为偶数，以使电热线的两个接头位于苗床的一端。布线时不能等距布线，靠近苗床边缘的电热线间距要小，靠近中间的则间距要大。布线前，先从苗床起出30cm的土层，放在苗床的北侧，底部铺一层

15cm 厚的麦糠，摊平踏实，然后在麦糠上铺 2cm 厚的细土，便开始铺电热线。先在苗床两端按间距要求固定好小木桩，从一端开始，将电热线来回绕木桩，使电热线贴到踏实的床土上。每绕一根木桩时，都要把电热线拉紧拉直，要使电热线接头都从床的一端引出，以便于连接电源。电热线布完后，接上电源，用电表检查线路是否畅通，有没有故障。没有问题时，再在电热线上撒 1.0 ~ 1.5cm 厚的细土，使线不外露，整平踏实，防止电热线移位，然后再排放育苗盘或营养钵并浇透水，盖好小拱棚，夜间还要加盖草苫，接通电源开始加温。2 天后当地温升到 20℃以上时播种。

冬春季还可采用暖风炉育苗。育苗钵或育苗穴盘置平畦或高畦的冷床上。利用暖风炉释放的热量来提高育苗棚室内的气温，进而提高育苗床的温度达到培育壮苗的目的。暖风炉育甜瓜苗在操作管理上比较简单，棚室内采光条件好，空气相对湿度低，病害相对较轻，也容易培育壮苗。有条件的地方，特别是在进行集中育苗时，可推广使用暖风炉育苗。

（2）*浸种催芽*　在浸种催芽前要对种子进行初选，选种时先考虑种子的纯度，此外还要选择粒大饱满的种子，剔除畸形、霉变、破损、虫蛀的种子，以及秕籽和小籽。常用的浸种及消毒方法如下：

①温汤浸种。在浸种容器内盛入 3 倍于种子体积的 55 ~ 60℃的温水，将种子倒入容器中并不断搅拌，使水温降至 30℃左右，保持该水温再浸种 4 ~ 5h。

②干热处理。将干燥的甜瓜种子在 70℃的干热条件下处理 72h，然后浸种催芽。这种方法对种子内部的病菌和病毒也有良好的消毒效果。处理的种子要干燥，含水量高的种子进行干热处理会降低种子的生活力。

③药剂消毒。常用高锰酸钾、磷酸三钠、多菌灵等消毒。高锰酸钾消毒法，用 0.2% 的高锰酸钾溶液浸泡种子 20min，捞出后用清水洗净，可以杀死种子表面的病菌。磷酸三钠消毒法，用 10%

磷酸三钠浸种 20min 后洗净，可起到钝化病毒的作用。多菌灵等杀菌剂消毒法，用 50% 多菌灵可湿性粉剂 500 倍液浸种 1h，可以防治甜瓜炭疽病等病害。

药剂消毒时，当达到规定的药剂处理时间后，用清水洗净，然后在 30℃ 的温水中浸泡 4h 左右。浸种时间不宜过短或过长，过短则种子吸水不足，发芽慢，且易带帽出土；过长则种子吸水过多，种子易裂嘴，影响发芽。一般新种子、饱满的种子浸种时间可适当长一些，在 5h 左右。陈种子、饱满度差的种子浸种时间可在 3 ~ 4h 之间。另外种子消毒时，必须严格掌握药剂浓度和处理时间，才能收到良好的效果。浸种过程中种子应淘洗数遍，捞出种子沥干水分，包在湿润的纱布或毛巾中催芽。

④催芽。可用恒温培养箱，也可用火炕催芽或用电热毯催芽，催芽时应注意：一是要保持适宜的温度，温度 30 ~ 32℃ 较为适宜。密切注意温度变化，并及时调整；二是保持种子通气，不要积水；三是经常翻动种子，使种子受热均匀；四是要及时播种或停止催芽，催芽的长度以露白为好，若出芽不整齐，则可将大芽挑出先行播种。在 30℃ 的温度下，大多数的种子 24h 左右就可出芽。如果天气不宜播种，应把种子摊开，盖上湿布，放在 10 ~ 15℃ 的冷凉环境下，以防芽子继续生长。

(3) 播种及出苗前的管理　选晴暖天气上午播种，播种时苗床地温最好能在 20℃ 以上，不低于 16℃。播种前先盖小拱棚烤畦的苗床，应临时撤掉小拱棚，检查苗床湿度，可在播种前再用热水泼浇一遍，以保证出苗前不缺水。事先没有浇水的，播种前应先用温水将营养钵或穴盘灌透。

甜瓜播种多用点播法，每穴点播 1 粒带芽的种子。当种子发芽率高时，可以在钵中播 1 ~ 2 粒未出芽的种子。先在营养钵或穴盘上开穴，放入种子后，穴内盖土或将种子平放在营养钵土面上，然后再盖土。盖土要用过筛的细土，最好是营养土。盖土的厚度依种子大小而定，一般为 1 ~ 1.5cm。播种后在床面上覆盖一层地膜，起到保温、保湿的作用。苗床上用竹片等材料支架，严密覆盖塑料薄膜，扣成小拱棚，夜间盖草苫或使用暖风炉保持温度。出苗前使地温保持在25℃以上，以27～30℃为最好。气温白天保持28～32℃，夜间20～25℃。当有50%幼苗顶土时，要及时揭掉地膜，并开始通风。

（4）苗期管理　苗期温度管理可参照表15。

**表15　甜瓜苗床温度管理指标**　（℃）

| 温度 | 播种至出苗 | 出苗至破心 | 破心至炼苗 | 炼苗 |
| --- | --- | --- | --- | --- |
| 白天气温 | 28～32 | 20～25 | 27～29 | 20～25 |
| 夜间气温 | 20～25 | 15～17 | 17～19 | 15～17 |
| 地温 | 27～30 | 25～27 | 20～25 | 17～20 |

在阴雨天，苗床的温度可比晴天时低2～3℃管理，防止因温度高、光线弱引起幼苗徒长。

冬季育苗时，注意增加苗床上的光照，白天及时揭开草苫等覆盖物，晚间适当晚盖草苫。另外经常扫除薄膜表面沉积的碎草、泥土、灰尘等。在育苗后期温度较高时，可将薄膜揭开，让幼苗接受阳光直射。揭膜应从小到大，当幼苗发生萎蔫、叶片下垂时，及时盖上薄膜，待幼苗恢复后再慢慢揭开。连续阴天时，只要棚室内温度能达到10℃以上，仍要坚持揭开草苫，气温特别低时可边揭边盖。久阴乍晴时，不透明覆盖物应分批揭开，使苗床形成花荫，也可随揭随盖。连续阴天后的第一个晴天，可先在幼苗叶片上喷水，再逐渐揭开棚室的草苫。有条件可以人工补充光照，一般10$m^2$的苗床上均匀分布悬挂2只500W碘钨灯即可，悬挂高度距甜瓜苗1.3～1.5m。

苗床上应严格控制浇水，浇水时最好浇温水。在瓜苗生长过程中，若发现缺肥现象，可结合浇水进行少量追肥，一般可用0.1%～0.2%尿素水浇苗，也可在叶面喷施0.2%的磷酸二氢钾或

0.3%的尿素。通常情况下，只要育苗营养土是严格按照前文所介绍的方法比例配制，瓜苗不会发生缺肥现象。

幼苗一般在定植前一周开始炼苗。炼苗期间应加大苗床通风量，棚室内小拱棚的塑料薄膜逐步由白天揭开、晚上盖上，一直到最后昼夜不再覆盖。炼苗期间一般不再浇水。炼苗期间若遇低温寒流天气，仍要注意保温防寒，寒流过后再继续进行炼苗。

(5) *病虫害防治*　甜瓜冬季育苗易发生猝倒病、立枯病、灰霉病、白粉病等病害，在防治上应采取综合措施：一是营养土一定要进行消毒处理，所有有机肥应充分发酵腐熟，以杀死肥料中的病菌；二是种子要进行灭菌消毒，以减少发病机会；三是加强苗床管理。合理用水、控制温度和湿度防止温、湿度忽高忽低，加强光照，使幼苗生长健壮，增强抗病力；四是药土防病害，每 $1m^2$ 苗床用50%甲基硫菌灵可湿性粉剂 8～10g，掺细土 4～5kg，将 1/3 药土于播种前撒施在苗床上，其余 2/3 待播种后盖在种子上，可有效防治猝倒病、立枯病等病害；如苗床已发现少数病苗，在拔除病苗后喷淋药剂进行防治，若用药后床土湿度太大，可撒些细干土或草木灰以降低湿度。冬季育苗常见虫害是温室白粉虱和烟粉虱等，防治应以预防为主，综合防治。

冬季所育甜瓜壮苗的标准是：苗龄 30～35d，高度低于 15cm；苗敦实，茎粗壮，下胚轴直径 0.25cm 以上，节间短；子叶完好，有 3～4 片真叶，叶色绿，有光泽，无病害；根系发达、完整、白色。

**2. 夏季育苗技术**

(1) *育苗床的准备*　盛夏初秋，天气或高温多雨，或高温干旱，光照变化剧烈，病虫害发生严重。夏天气温往往超过甜瓜生长的适宜温度，造成甜瓜花芽分化不良，影响以后的授粉和坐瓜。夏季育苗季节，一般降雨较多，容易造成地面渍涝，而甜瓜特别不耐雨淋和渍涝。夏季蚜虫、粉虱、斑潜蝇等害虫活动猖獗，对甜瓜的危害非常大。因此夏季甜瓜育苗绝不可以在露地进行，应在保护设施内育苗，不仅如此，夏季育苗苗床还必须具备“三防”条件，即防高温、防雨淋、防虫害。

①防高温。在育苗时尽量选择敞亮、通风良好的地块育苗。在大拱棚内育苗时，应将大拱棚四周的薄膜都敞开，以利通风，没有大、中拱棚设施的可在通风良好的地块搭建育苗拱棚。在条件许可的情况下尽量将拱棚建得高些，以利通风降温。在干热时节可在育苗床及四周喷淋清水，以增湿、降温。光照过强，温度较高时，在育苗棚上搭盖遮阳网，或其他遮阴物，以降低温度。但遮阳降温不可全天应用，只在光照非常强的时间段内短时间使用为宜，以免造成幼苗徒长。使用时间一般在上午 10 时至下午 3 时，时间不可过长。

②防雨涝。首先育苗床必须有遮雨覆盖物，一般是在育苗大、中拱棚上搭盖塑料薄膜，其次育苗床要建在地势较高的地方，且苗床要建成高畦或半高畦，根据地势情况，苗床平面应比地平面高出 10～15cm，以防止雨水流入苗床，造成渍涝。

③防虫害。夏季育苗期由于害虫活动猖獗，仅靠药剂防治并不能完全奏效。采取的主要措施：第一，必须将育苗床与外界严格隔离，在育苗大棚的通风带安装 40 目的防虫网；第二，将苗床上、育苗棚内及周围数米内的杂草清除干净；第三，喷药防治害虫，一般需喷药 1～2 次，每次苗床喷药时，同时对苗床周围的作物及杂草喷药，以消灭附近虫源。

夏季育苗采用高畦或架空冷床穴盘育苗。穴盘 50 孔，苗床长度随场地条件和育苗量而定，但一般不超过 15m，宽度一般 1～1.2m 为宜，畦高 20cm，畦与畦之间以畦沟相隔，沟宽一般 35～40cm 为宜。畦沟兼有排水功能，应与周围排水沟相通，雨急雨大时，能及时将苗床周围积水排出，以免苗床被淹。架空苗床多用竹排或铁网做床面，架空苗床一般多应用于工厂化集中育苗。

（2）*浸种催芽*　夏季育苗选种原则及浸种处理方式均同于冬春季育苗。可不必再用催芽设施，直接用湿润毛巾等包好种子，在暗光环境、常温条件下催芽。通常情况下26h左右，大部分芽可出齐，此时即可播种。如果因故不能及时播种，可以随时中断催芽，将种子放于冰箱中的冷藏层高温区内（即远离冷凝管的区域，此区域通常温度为10～12℃）。催芽中的其他管理措施均与冬春季育苗相同。

（3）播种及出苗前的管理　甜瓜催芽至露白时即可播种，随出随播。在播前一定将苗床及穴盘用大水灌透，播种后苗床可不必覆盖地膜，但苗床一定要保湿。为防地下害虫，如蝼蛄、蟋蟀、地老虎等为害，可用48%乐斯本乳油或50%辛硫磷乳油对50倍水后拌成药土，播种后在苗床及四周点撒，间隔10天，再防一次，且兼治其余地下害虫。

（4）苗期管理　加强通风，防止幼苗徒长。在保证防雨的前提下，苗床周围的通风口要尽量开到最大。一般育苗大拱棚的薄膜只盖拱顶部，其四周大通风；小拱棚育苗，其遮盖也须距幼苗60～80cm以上，才能有良好的通风效果。及时浇水或喷淋，降温增湿：夏季苗床很容易落干，应及时浇水。浇水时最好不要喷灌，水应在穴盘下流淌，不要浸到幼苗。干热时可在中午前后往苗床四周及棚膜上喷淋清水。应注意往苗床上喷水时，水流不能太急，最好用喷雾器喷淋，以免伤及幼苗。另外夏季喷淋水的时间最好选择在清晨或傍晚前，不宜在中午喷水。

甜瓜夏季育苗可适当遮阴，但遮阴不可过度，一般只在晴热天气的中午时间进行。定植前数日，不宜遮阴，应让秧苗多见直射光，防止秧苗徒长。

（5）病虫害防治　夏季育苗，苗期常发病害为炭疽病，多发生于连日阴雨、苗床湿度较大之际。为防治病害，除在营养土中掺加杀菌剂外，苗期还可喷75%百菌清可湿性粉剂600～800倍液、64%恶霜·锰锌800倍液。虫害主要是蚜虫等，可在出苗后苗床喷一遍10%吡虫啉可湿性粉剂4 000～6 000倍液，或2.5%溴氰菊酯乳油2 000倍液，或25%噻虫嗪水分散粒剂4 000倍液，以后每隔一周喷施一遍。

夏季所育甜瓜壮苗的标准是：苗龄 15d 左右，2 叶至 3 叶 1 心，苗高 12 ~ 15cm；茎粗 0. 25 ~ 0. 3cm；叶肥壮，无病虫害；根系发达，色白，充满穴盘。

## （二）嫁接育苗技术

甜瓜嫁接栽培不仅能解决早熟栽培和秋延迟栽培中的低温问题，并且甜瓜嫁接栽培抗病、增产效果明显，能大大提高经济效益。因此，甜瓜嫁接苗在甜瓜生产上的应用比例越来越大，嫁接苗较自根苗表现生长势强。根据市场调查，目前甜瓜嫁接苗缺口很大，供不应求。嫁接育苗中，关键是解决好甜瓜与砧木的亲和性以及嫁接技术等问题。

### 1. 选择砧木

据研究，在甜瓜栽培中，笋瓜、南瓜、黑籽南瓜、黄瓜、葫芦与甜瓜均具有亲和性。但作为甜瓜砧木在生产上应用却存在一些问题，多是嫁接成活率很高，而中后期发生急性凋萎，产生共生不亲和现象；有些嫁接苗在去掉南瓜砧侧芽之前成活很好，而去掉侧芽后，叶缘发黄，直至萎蔫而死，瓜农一般也会归结为嫁接技术问题，其实很可能是甜瓜与砧木存在不亲和的问题。

甜瓜接穗对砧木的嫁接亲和性和共生亲和性要求都很高，不同品种组合间的亲和性差异很大，且甜瓜嫁接组合之间的亲和性受环境因素，特别是季节、温度影响较大。因此理想的、适用于不同栽培设施、不同接穗品种、多抗性的砧木品种还很缺乏。目前用于甜瓜嫁接的砧木品种有全能铁甲、青研砧木一号、圣砧一号、甬砧一号、德高铁柱等，都属于中国南瓜和印度南瓜的杂交种。部分地区的地方薄皮甜瓜品种如青州银瓜，选用地方品种“白玉瓜”作嫁接砧木。鉴于砧穗组合亲和的专一性，生产上砧穗组合不可随意调换品种，如需调换，必须针对栽培季节，提前做小批量、全生育期试验。

### 2. 育苗

嫁接栽培甜瓜的播种期比常规栽培提早5～7d。插接法、劈接法中，甜瓜比砧木晚播5～7d或在砧木苗出土时播种。砧木和甜瓜种子都要进行浸种和催芽，砧木种子常温浸种12h，捞出后擦干种子表面的水分，放在30～35℃下催芽，大部分种子出芽后即可播种。甜瓜接穗浸种后放在30～32℃下催芽，经过24h，大部分种子出芽后即可播种。出芽后，采取插接或劈接时，砧木播到营养钵或穴盘中，营养钵上口径大于6cm，穴盘采用32穴，每钵（穴）播1粒。甜瓜播在苗床的一端或播在育苗盘中，注意浇水不宜过多，否则影响种子发芽。发芽后要及时去壳见光，但光照不宜过强。当甜瓜两片子叶尚未完全展平，砧木苗第一片真叶出现到完全展平为嫁接适宜时期。嫁接前将苗床浇透水，用500～700倍的多菌灵溶液对砧木、接穗及周围环境进行消毒。

### 3. 嫁接

甜瓜常用的嫁接方法有靠接、插接、劈接等。靠接方法简单，易操作，且由于接穗临时保留着根系，嫁接初期便于管理，适宜于在嫁接技术不熟练、环境控制能力较差的条件下采用，但较费工费时。插接方法简单省时，伤口愈合面大，愈合较快，但对嫁接技术要求较高。

嫁接前一日确定嫁接人员及后勤人员，以保证当日嫁接质量和数量。做好嫁接前准备工作，包括嫁接工具、毛巾、嫁接盘、消毒液以及嫁接标签。嫁接场所空间湿度要大，可事先喷水。场所要注意保温、避风，还要操作方便。

（1）*插接法*　先把砧木苗第一真叶去除，生长点留小部分，用一楔形渐尖且与接穗下胚轴粗度相仿的竹签（可用牙签削磨而成）或铜签（有条件建议用铜签），在砧木一片子叶腋处斜插向另一片子叶下 3mm 的叶节处，深度以从下胚轴表皮处隐约可见竹签为宜，长度为 0.8cm 左右；然后取接穗，左手轻捏两片子叶，右手用锋利的刀片在离子叶叶节 0.8cm 处，准确、迅速地斜向下切成楔形面，长约 0.8cm，随手取出竹签，右手捏住接穗两片子叶，楔面向下，准确地插入砧木孔中，使砧木与接穗切合面紧密接合，砧木与接穗子叶成“十”字形。要求接穗所削的楔形与砧木插孔的大小和长短一致（图 2）。

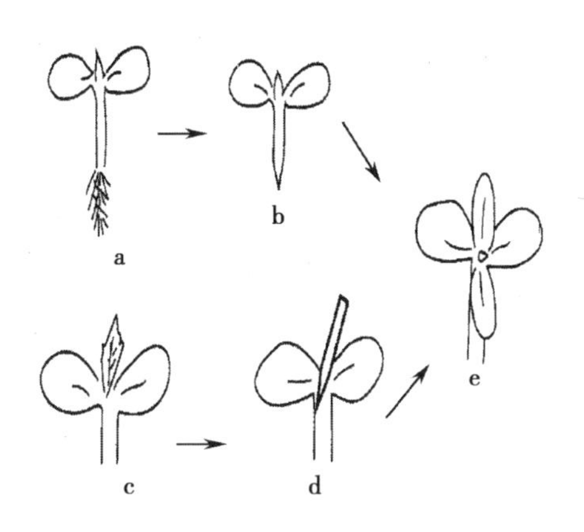


**图 2　甜瓜插接法嫁接示意图**

a. 适龄接穗苗；b. 削接穗；c. 适龄砧木苗；
d. 插入竹签；e. 嫁接苗

（2）靠接法　这是一种待嫁接成活后再切断接穗根的嫁接方法。此方法中，砧木应比接穗晚播 5d 左右。将接穗、砧木的种子分别浸种催芽后，将接穗和砧木种子先后播于一个营养钵里，砧木播在中央，接穗播在距砧木 1 ~ 2cm 处，按常规育苗进行管理。砧木和接穗的幼苗两片叶子展开，真叶显露时，是嫁接适期。一般在接穗播种 15d，砧木播种 10 天左右进行靠接。嫁接时先用刀片去掉砧木生长点，再在砧木一侧子叶下方 0.5 ~ 0.6cm 处用刀片自上向下斜切一刀，接口斜面长 0.5 ~ 0.8cm，深度达茎粗 1/3。接穗在相同位置由下向上斜切一刀，切口斜面长同砧木，深度达茎粗1/2～1/3。将砧木和接穗切口嵌合在一起，用嫁接夹固定，一般嫁接后13d左右，接穗2叶1心后切断接穗下胚轴。

（3）劈接法　嫁接时砧木苗保留在营养钵内，将其生长点用竹签铲掉，然后用刀片从生长点开始在下胚轴的一侧，自上而下劈开长1～1.5cm的切口，切口宽度为下胚轴直径的2/3（注意不要将下胚轴全部劈开，否则砧木子叶下垂，难以固定），然后将甜瓜苗从基部剪下，用刀片将下胚轴削两刀，使下胚轴的1/3的表面仍带有表皮，另2/3的面呈楔形。最后将接穗带表皮的一面朝外，插入砧木切口，再用夹子固定牢靠即可（图3）。

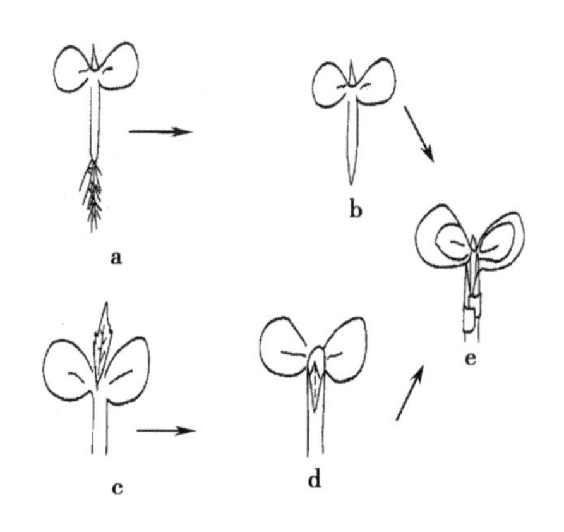


**图3　甜瓜劈接法嫁接示意图**

a. 适龄接穗苗；b. 削接穗；c. 适龄砧木苗；d. 劈开砧木；
e. 插入接穗，夹子固定

## 4. 嫁接后管理

嫁接苗栽植苗床应先浇足水，扣好小拱棚，随嫁接随将嫁接苗立即栽入小拱棚中，盖好塑料薄膜，并用草苫等遮阴。保持床内湿度达到90%～95%。苗床白天温度保持在25～28℃，不超过30℃，夜间20℃。嫁接苗基本成活（嫁接后4～5d）后，夜温可适当降低，保持在15℃左右，白天保持在28～30℃，逐渐给苗床通风，降低苗床湿度，可保持在65%～75%。嫁接后2～3d内苗床中午覆盖遮光，早晚光照较弱时可撤除覆盖物，使幼苗接受散射光，遮阴程度以见光不蔫为准，即嫁接苗接穗只要不蔫就不用遮阴。以后逐渐增加见光时间和光照强度，7～8d后可不再遮光。

嫁接成活后合理的肥水管理利于培育壮苗，一般嫁接成活后5～7d浇一遍肥水，可选用宝利丰、磷酸二氢钾、撒可富等优质肥料，浓度以1‰～1.25‰为宜。结合肥水还可加入OS－施特灵、甲壳素等植物诱导剂，以提高幼苗的抗逆性。

嫁接后还要及时除去砧木子叶节所形成的侧芽，防止侧芽长成。对嫁接苗上砧木的子叶，若健壮无病，应将其保留，否则应将其摘除。

## （三）工厂化育苗技术

甜瓜工厂化育苗是围绕提高育苗效率、提高种苗质量、降低种苗成本、便于规模化、集约化生产的总体要求，而在某些特定技术环节有别于常规育苗的育苗技术。

### 1. 更高的种子质量标准

工厂化育苗选用的种子质量要求更高，生产的种子要求达到：籽粒饱满，含水量在8%以下，发芽率和发芽势在95%以上，纯度和净度100%。甜瓜、砧木种子严格进行了检疫性病害的安全检测。

### 2. 高效的种子处理技术

高效种子处理技术是进行甜瓜集约化育苗的重要技术环节，主要目的是减少种传病害，促进种子整齐萌发。

种子消毒处理是防治种传病害的重要措施，以热处理效果最好，温度控制得当，可以杀灭绝大多数种子表皮或胚内部携带的病原真菌和细菌，而不伤害种子。简单易行的有热水高温消毒方法，具体方法：将甜瓜种子或砧木种子松散地装入棉纱布口袋，37℃水浴中预热10min。种子装入量要小于纱布口袋容量的50%。预热过程中轻轻摇晃纱布口袋，以排除种子表面的空气，打破包围种子表面的气膜，确保每粒种子浸湿均匀彻底。经预热的种子放入另一个水浴容器中，甜瓜种子50℃，砧木种子55℃，保持20min，进行高温消毒。高温消毒时间一到，立即将装有种子的纱布口袋放入冷水中或用冷水冲淋降温。种子降温后，在无菌条件下（如无菌操作台）自然风干。种子晾干后根据需要进行杀菌剂或杀虫剂处理。

大型育苗工厂可以引进使用种子干热消毒处理设备，便于大量种子的消毒处理，一般在70℃的干热条件下处理72h。

为解决种子发芽不整齐这个困扰育苗工厂进行规模化生产的难题，应该采用综合处理，除了热处理外，还要使用籽粒饱满、贮存半年至一年的种子，既为种子的萌发奠定了物质基础，又保证了种子有较高的发芽率。还要在催芽或播种前，进行晒种，促进种子加快终止休眠；也可以采用化学药剂处理，如用赤霉素（10mg/kg）、萘乙酸（10mg/kg）等打破种子休眠，提高种子的发芽率和发芽势。催芽时，要经常翻动种子，改善种子的通气条件，保障所有的种子能够获得充足的氧气，促进种子萌发整齐一致，也能防止出现烂种现象。还可以散失种子自身活动所释放的热量，避免内部种子受到高温伤害。

**3. 完备的育苗设施设备**

育苗工厂都应当配备便于机械化作业、提高土地利用率、冬季能加温补光、夏季能通风降温且效果良好的日光温室和连栋温室用于大规模育苗，设施具备更强的抗风、雨、雪的能力。育苗各功能区的划分规范，配备足够面积的催芽室。中等规模以上的育苗企业实现日光温室、连栋温室、塑料大棚、环境调控设备（可控温、湿、气等）、机械播种设备、基质搅拌消毒设备、机械装盘设备、机械喷淋设备、运输设备等的配套应用。

**4. 规范化的育苗流程**

（1）播种前准备　包括准备基质，种子处理，催芽室准备，精量播种机的调试等。工厂化育苗所用的基质应具有性质稳定、孔隙度较大、对秧苗无毒等特点，同时还要考虑基质的来源和价格。目前，育苗中应用较多的是碳化稻壳或者东北产草炭土，与等量腐熟的有机肥混合后使用。对基质的酸碱度要求 pH5.5～6.9。基质最好进行消毒，可用多菌灵和代森锌等药剂处理，每 $1m^3$ 基质用多菌灵 40g，或代森锌 60g。将药加入基质中，充分拌匀，堆放，用塑料薄膜覆盖 2～3d，撤去薄膜，药味散净后方可使用。催芽室是为了促进种子萌发的设施，是工厂化育苗必不可少的设备之一。催芽室可作为大量种子浸种后催芽，也可将播种后的苗盘放进催芽室，待种子 60% 拱土时挪出。

（2）播种　将备好的基质装入 50 孔育苗盘，压实取平。基质装盘后随之浇透水，将催出芽的种子播入育苗盘，用混配基质盖 1cm 厚，用喷雾器喷水，喷水要湿透基质，手握混配基质有水溢出即可。或直接用精量播种机进行播种。混配基质用碳化稻壳或草木灰和细砂以 5∶1 混合而成。

（3）催芽出苗　将播种后的育苗盘放入催芽室中，控制适宜的温、湿度，催芽出苗。放育苗盘之前，催芽室的温度应达到 25℃以上，相对湿度达到 80%～90%。放入育苗盘后，给予适当的变温管理，控制催芽室内的温度达 30℃。催芽室温度较高，水分蒸发量较大，育苗盘表面干燥，应及时喷水 1～2 次。当出苗率达 50%～60% 时，喷 1 次水，有助于种皮脱落。喷水最好用 25℃左右的温水。

（4）育苗　育苗盘中出苗率达 60% 左右时，即可将育苗盘由催芽室移入育苗室，保持昼温 28～30℃，夜温 18℃。遇阴天温度可适当降低 3～5℃。

子叶展开后应及时供给营养液，促进秧苗根系早吸收养分，使秧苗生长健壮。供液的方法一般采用喷液法或灌液法。为避免营养液浓度高灼伤幼嫩的秧苗，幼龄秧苗供液浓度应偏低些，并配合及时喷水，防止苗床干旱。采用灌液法供液时，应防止育苗盘内积液过多，以基质保持湿润为度。每3～5d供液1次。

育苗期间病虫害的防治策略以防为主，多种手段综合治理。采取清洁卫生育苗场所、种子消毒、环境调控、化学药剂防治等农业、生态、物理、生物、化学防治措施综合应用的措施。具体技术如下：温室、苗床消毒每667$m^2$温室用1.65kg高锰酸钾、1.65kg甲醛、8.4kg开水消毒。将甲醛加入开水中，再加入高锰酸钾，分3～4个地点产生烟雾反应。封闭48h待气味散尽后即可使用；所有通风口及进出口均设40目的防虫网。设施内张挂黄色粘虫板，约每10$m^2$挂1块，诱杀白粉虱、蚜虫等。喷施植物诱抗剂，如牛蒡果聚糖、S-诱抗素等，可以增强植株的抗病抗逆境（高温、低温、干旱）的能力。

**5. 安全的储藏运输**

甜瓜苗穴盘营养面积小，基质的持水能力差，成苗后需要及时运达农户定植，一般采用适宜的包装箱，箱式货车或面包车运输。长途运输最好采用改造货车运输厢体，配置温度、湿度控制设备，加强商品苗储运中合理的温度、湿度等参数的调控管理，确保嫁接苗短期储藏或运输后，秧苗质量不变。

运输时间不宜过长，长途运输早春季节不超过17h，其他季节不超过23h。短途运输不超过5h。

包装箱在运输过程中能最大限度地保护成品苗的安全，并能抗压、透气、防冻、防热、耐搬运。出厂时箱体要标有产品编号及合格证。可采用普通纸盒箱、泡沫箱、塑料箱等，有条件的可以开发专用包装箱，包装箱具体尺寸可灵活掌握，采用带穴盘装苗的方式。

运输设备要求短途运输运苗车辆具备保温、防雨功能。长途运输最好具备保温、防雨、保湿等可控的运输箱体。较长时间的运输时，有条件的进行温湿度调控，温度保持13～15℃，不低于10℃，或不高于20℃，相对湿度控制在80%以下。条件不好的也可采用运输前低温炼苗，包装箱内衬0.008～0.012mm厚的地膜进行保温保湿，箱上部将所覆地膜包裹严实。长途运输的秧苗到达目的地后，将秧苗放置在设施内，保持温度20℃，打开包装，使秧苗逐渐适应外界的温度，防止突然升温造成不必要的损失。

甜瓜苗短期贮藏条件指标：昼温控制在12℃，夜温控制在9℃，空气相对湿度75%。

## （四）育苗常见问题及解决

民间有俗谚：有钱买种，没钱买苗。说的是育苗的关键性、重要性。特别是冬季育苗条件恶劣，育苗周期长，可以说育苗成功，预示着成功了一半。反之一旦育苗出问题，则严重影响后续生产进程，预示着甜瓜产量和效益的减少。甜瓜育苗是一项技术性很强的工作，如果关键技术掌握不当，往往会出现播后不出苗、出苗不整齐、戴帽出土、秧苗徒长、秧苗冻害、老化苗、沤根和烧根等问题，轻则瓜苗生病，长势弱，重则死苗，直接影响定植后的生长发育，在早熟性和丰产性上表现明显差异。常见问题及解决方法简述如下。

### 1. 播后不出苗

播种后不出苗主要是种子发芽率低和苗床环境不适宜造成的。甜瓜种子发芽率低是造成不出苗的根本原因。苗床环境不适宜是客观条件，如苗床的温度、水分、通气等达不到种子发芽出苗的要求，床土过干，种子得不到足够水分，使种子不发芽或发芽中途停止；苗床水分过多，氧气不足，造成种子腐烂。另外，苗床带有病原菌，虽然催芽时种子大部分已发芽，但在苗床内感染了病菌而发病死亡。对播后不出苗，应采取以下措施。

(1) 精选种子　种子质量是直接关系到种子的出苗和秧苗的生长，甚至对定植后的生长发育、产量及质量都有很大的影响。精选种子包括种子纯度的检查，饱满度、发芽率、发芽势的测定。对种子纯度检查，从种子外形上很难辨别，所以，在购买种子时，必须从信誉好的蔬菜种子公司（商店）购买，谨防假冒伪劣种子购入。必要时做一下发芽试验，测定其发芽率和发芽势，并注意选粒大、饱满的种子播种。

(2) 种子消毒　甜瓜的许多病害是通过种子传播的，多数病原菌寄宿在种子表面，带病的种子播种后，病原菌遇到适宜的条件，就会很快繁殖为害种子发芽出苗。所以，播前经过温汤浸种、热水烫种、药剂处理、干热处理等方法的种子消毒，消灭种子表面的病原菌和虫卵，使种子出苗整齐。

(3) 营养土制备及浇足苗床底水　营养土是幼苗生长发育的基质，配制的营养土要求疏松肥沃、有较强的保水性、透水性，且通气性好，无病菌虫卵及杂草种子，为甜瓜种子发芽和幼苗生长营造适宜的环境条件。播种前对苗床或营养钵浇足透水也十分重要，保证满足种子发芽和幼苗期生长对水分的需要。

(4) 及时检查出苗情况　当苗床环境管理不善而不出苗时，就要扒开床土检查种子，如果剥开种皮发现胚还是白色新鲜的，说明种子并没有死亡，只要采取相应措施还能出苗。若床土过湿，应控制浇水、通风降湿或撒干土等；如果床土过干，适当喷水，满足种子发芽所需水分，但不能漫灌苗床。

**2. 出苗不整齐**

出苗不整齐的表现，一种是出苗的时间不一致，早出土的与迟出土的相差时间长，给秧苗管理带来不便；另一种是同一个苗床内，有的地方出苗过密，有的地方出苗很稀，甚至不出苗。前者可能是由于播种的种子成熟度不一致，也可能新陈种子混杂播种，或许是种子催芽过程中缺乏均匀翻动而造成发芽程度的差异。后者主要与播种技术和苗床管理有关，播种时不均匀，或多或少，出苗自然不整齐。苗床管理很重要，床内的温度、湿度、光照等不一致会导致出苗的不整齐。播种后的覆土不匀，也会造成出苗的差异，覆土过厚的地方土温低、透气差，对出苗不利。在制作苗床时，如果苗床不平整，低处水分多，土温低，空气不足，盖土又多，出苗当然要慢。此外，地下害虫的为害，如蝼蛄等将刚发芽的种子或刚出土的幼苗为害，造成出苗困难。针对上述情况，应采取如下措施。

（1）*保证种子质量* 播种种子成熟度要一致，不能将新陈种子混杂播种育苗。

（2）*科学催芽* 催芽过程中，要经常翻动种子，使种子得到充分氧气并均匀受热，发芽整齐一致。

（3）*精细制作苗床* 苗床土要耙平整细，使苗床内各部位的温度、湿度和空气状况一致。

（4）*播后覆土厚度要得当* 覆土厚度视种子大小而异，太厚对种子出苗不利，太薄种子容易戴帽出土。

### 3. 戴帽出土

育苗时常发生幼苗出土后种皮不脱落，夹住子叶，俗称“戴帽”。由于种皮夹住的子叶不能张开，妨碍了幼苗的光合作用，致使其营养不良，生长缓慢。戴帽出土的原因，主要是播种前苗床未能浇透底水，床土过分干燥，或播种后覆土过浅。主要有如下预防措施。

（1）*播种前苗床要浇足底水* 最好在播种前一天将苗床的底水浇足，播种时使床土不会太湿且能保持湿润。浇足底水能保证幼苗出土和苗期生长的所需水分，湿润的床土使种皮柔软，幼苗出土时种皮容易脱落。

（2）*播后地膜覆盖* 种子播入苗床，覆土后撒上一些碎稻草并加盖塑料薄膜，以减少床土水分蒸发和稳定床土温度。

（3）戴帽出土后的措施　出现戴帽出土现象，及时喷洒细水，或薄薄撒一层潮湿的细土，能使种皮软化，容易脱落。最终仍不能脱帽的，可采取人工摘帽。

**4. 秧苗徒长**

徒长苗茎秆细长、节间拔长、叶薄色淡、组织柔嫩、根须稀少，定植后植株容易萎蔫，成活率低，不可能早熟高产。造成徒长苗的原因主要是氮肥偏高，水分偏多，温度太高，密度过大，秧苗拥挤，移苗不及时，光照不足等。但是，不同时期出现徒长的原因又有差异：在出苗到子叶展开期出现徒长，主要是播种过密，出苗后又未及时揭去覆盖薄膜造成的；出苗后，幼苗的胚轴过度伸长出现徒长苗，是没有及时降低苗床温度造成的；幼苗生长后期，由于秧苗过分拥挤，又定植不及时，很容易徒长。因为这时外界气温转暖，秧苗生长速度快，叶片互相遮阴，如果温湿度控制不好，氮肥偏多，就容易徒长。防止秧苗徒长可采取如下措施。

（1）控制播种密度　合理的播种密度，使秧苗有一定的营养面积。自根苗使用不超过72孔穴盘，嫁接苗不超过50孔穴盘。当30%出苗后，及时拆除覆盖物。

（2）加强通风透光　出土后、定植前，都应加强通风、透光，降低苗床温湿度，进行低温炼苗。

（3）合理施肥和控水　营养土要控制用氮量，注重磷、钾肥用量。苗床内严格控制水分和氮肥的施用。

（4）化控秧苗徒长　秧苗一旦发现徒长可用生长抑制剂控制秧苗徒长，如50%矮壮素稀释2 000～3 000倍液喷洒秧苗或浇在床土上，每1m$^2$苗床喷洒1kg药液。化控秧苗徒长要严格控制使用浓度和使用方法，过度抑制秧苗生长会对后期的生长发育造成不利影响。

### 5. 老化苗

秧苗老化表现为生长缓慢、苗体小、根系老化、不长新根、茎矮化、节间短、叶片小而厚、叶色暗绿、秧苗脆硬而无弹性。如“花打顶”就是典型的老化苗。

老化苗形成的原因，主要是床土过干和床温过低。有的瓜农怕秧苗徒长，过严地长期控制水分。防止出现老化苗的措施如下。

（1）合理调控育苗环境　育苗过程以温度为重点，控温与适当控水相结合，保证苗床既有适当土温又有一定水分，使秧苗正常生长。

（2）炼苗不缺水　定植前的秧苗低温锻炼不能缺水，严重缺水时必须喷洒小水，如发现萎蔫秧苗，可在晴天中午喷水。

（3）赤霉素处理　发现秧苗老化，除注意温、水的正常管理外，可喷洒赤霉素补救。一般用10～30mg/kg的赤霉素喷洒，1周后秧苗就会逐渐恢复正常生长。

### 6. 瓜苗冻害

冻害是指温度下降至瓜苗忍受低温以下造成的直接伤害。轻微冻害表现瓜苗生长缓慢，根系发育不良。防止措施如下。

（1）改进育苗手段　采用人工控温育苗，如电热温床育苗、工厂化育苗等。

（2）保暖防冻　在早春育苗期间，注意收听天气预报，观察天气变化，及时采取防寒保暖措施；在寒潮侵袭、低温来临时，把原有的覆盖物盖严、压好，必要时再加盖一层草苫、苇毛等物，并尽量保持干燥，防止被雨、雪淋湿。

（3）加强管理　适当增加光照，促进光合作用和养分积累，是提高瓜苗抗寒力的重要措施。另外，适当控制浇水，合理增施磷、钾肥等，也能提高秧苗抗寒力。

**7. 沤根**

甜瓜沤根的主要原因是苗床湿度过大、温度过低，尤其是在受寒流侵袭的阴冷、风雪（雨）天气，苗床不能通风换气，秧苗生长衰弱时容易发生。防止措施主要是控制浇水。在苗床干旱时，按需水情况分片浇灌，防止大水漫灌；一旦发生沤根，及时通风排湿，亦可撒施细干土（或草木灰）吸湿，或者多松土增加土壤透气性。

# 六、栽培设施的建造与性能

适合于甜瓜栽培的设施种类很多，主要有小拱棚、大拱棚、日光温室等。以下主要介绍这些设施的建造与性能。

## （一）小拱棚建造与性能

### 1. 小拱棚的结构及建造

小拱棚主要由拱架和农用塑料薄膜构成（图4）。用作拱架的材料，主要有竹片、细竹竿、荆条、钢筋（直径4～6mm）、水泥预制件或其他可弯成拱形的材料。甜瓜栽培常用的是拱圆形小拱棚。为使小拱棚棚体坚固、抗风和增加棚内空间，小拱棚的高度一般为80～100cm，跨度一般为100～150cm。塑料薄膜多为0.04～0.07mm的农用聚乙烯塑料薄膜（PE）或聚氯乙烯长寿膜（PVC）。农用聚乙烯塑料薄膜价格较低，单位面积用量少，抗污染力强，只要维护好可多年使用。但农用聚乙烯薄膜扣棚后易集结水珠，影响透光率。据测定，扣膜初期，有露水珠时透光率为55.4%，而无露水珠时透光率为76.1%。

小拱棚体积小，结构简单，建造方便。在生产上，多成片建造，或与其他保护设施配合建造，如日光温室之间的空地，或阳畦、改良阳畦之间的空地上可建造小拱棚。建造时，在栽培畦上，每隔40～70cm插一小拱架，然后盖膜，将塑料薄膜展平，拉紧，盖严，四边埋入土中固定。

在小拱棚跨度较小时，可只在背风处设通风口，跨度较大时则需在腰部或顶部设通风口。为使拱架牢固，跨度较大的小拱棚可设三道左右的横拉杆，盖膜后再在膜上压拱条，每隔一拱压一条，以防风吹和便于放风管理。除压拱条外，也可用细绳在棚膜上边呈“之”字形勒紧，两侧拴在木桩上，以防薄膜被风吹起而损坏。为加强防寒，可在小拱棚的北面加设风障，夜间可在棚面上再加盖草苫，可早育苗和定植。

小拱棚还常与大拱棚配合使用，即大棚内套小棚，往往收到更好的效果。此种方式主要在冬春季应用，此时气候寒冷，刚定植的甜瓜，常因夜间温度低而使缓苗受到影响。夜间加盖小拱棚，可防止夜间温度过低，白天则揭开小拱棚，令甜瓜多见阳光。

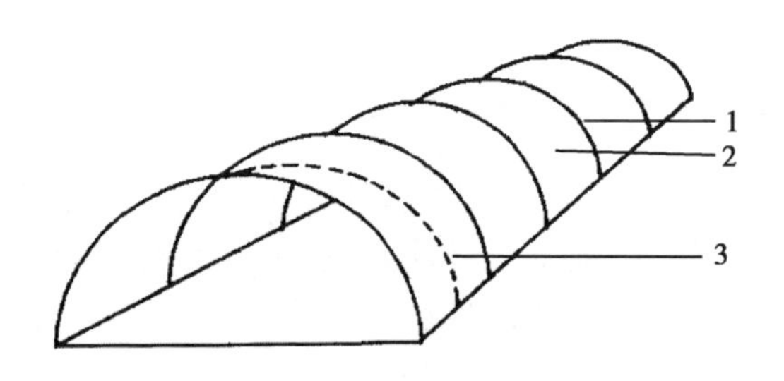


**图 4　小拱棚结构示意图**

1. 拱杆；2. 塑料薄膜；3. 压膜线

### 2. 小拱棚的性能及应用

小拱棚内的光照主要与塑料薄膜的质量、新旧、水滴有无、污染状况等有关。新薄膜的透光率一般为 80% ~90%，使用几个月后，透光率会降低到 50% ~60%。为保持小拱棚内有良好的光照条件，要选用较好的农用塑料薄膜，必要时选用无滴多功能膜，对易结露的薄膜可在早上用木杆敲薄膜，振落水滴，或用除露剂处理。要十分注意保持棚膜的洁净，经常清扫或冲洗，以尽量增加透光率。小拱棚内因其跨度小、高度不高，各部位的光照状况差异较小，东西向小拱棚南侧比北侧透光率只相差 7% 左右，南北向小拱棚各部位差异会更小。小拱棚夜间覆盖草苫时，要注意及时进行揭、盖管理，以尽量延长甜瓜见光时间。草苫揭开后，要置于小拱棚的北侧（指东南向）底部，以免妨碍透光。

小拱棚内温度状况，受透光率和外界气候变化的影响较大，棚内气温变化剧烈，昼夜温差大。由于小拱棚的容积小，更易受外界气候的左右，外界气温升高，棚温也高；外界气温下降，棚温也随之降低。晴天的白天，棚内升温快，最高温度有时可达到30℃以上。在阴天或夜间，不覆盖草苫时只比外界温度高1～2℃，早春遇寒流时易发生霜冻。所以，小拱棚栽培甜瓜，要随着温度的变化及时调整温度，在高温期要注意通风降温，在低温季节或低温阶段要加强保温。

小拱棚内，因内部水分不易散失，空气湿度比露地明显增高。小拱棚内空气相对湿度的变化，是随着棚内气温的升高而降低，又随棚内气温的降低而升高。夜间小拱棚密闭时，空气相对湿度可达到80%～100%，白天通风后可保持在40%～60%。空气湿度过大时，甜瓜易发生病害，管理上要注意控制棚内湿度，不使其过高。降低湿度的主要措施有：灌水后几天要加强通风散湿；小拱棚内地面加盖地膜；浇水时，采取膜下浇水。

甜瓜为喜温作物，山东省各地利用小拱棚栽培时，主要用于春季早熟栽培及秋季延迟栽培。如果采用草苫覆盖保温，其早春的定植期可适当提前，秋季可适当延迟。

## （二）大拱棚建造与性能

大拱棚，又称塑料大棚，简称大棚，目前尚缺乏统一的概念。一般是指用各种材料作支架，架设成一个整体结构，形成一定空间，支架上覆盖塑料薄膜，宽6m以上，长30m以上，高1.8m以上，四周无墙体的设施。大拱棚主要用于甜瓜的春季早熟栽培和秋季延迟栽培。

**1. 大拱棚的类型与结构**

(1) 按棚面形状分类　可分为拱圆形和屋脊形两类，生产上以拱圆形大棚为主，屋脊形一般用于连栋大棚。

(2) 按棚体结构分类　可分为单栋大棚和连栋大棚。单栋大棚，每栋大棚都独立成型，棚与棚之间间隔一定距离，一棚一栋。连栋大棚是由两栋或两栋以上的单栋大棚连接而成，棚内热容量大，保温效果好，但通风降温困难。连栋大棚建造一次性投资较大，棚膜固定困难，通风、排湿条件差。目前我国连栋大棚建造较少，以单栋大棚为主。

(3) 按棚内有无立柱分类　单栋大棚按棚内有无立柱又可分为有立柱大棚和无立柱大棚两种。有无立柱主要取决于建筑材料的承受力大小，无立柱大棚多是用钢材或水泥预制件组装而成。有立柱大棚多为竹木结构或竹木水泥预制件混合棚。

(4) 按棚架材料分类　可分为竹木结构大棚、竹木水泥预制件混合结构大棚、装配式钢管大棚、玻璃钢拱架结构大棚等。

①竹木结构大棚。建筑材料为杨柳木、硬杂木、粗细竹竿、竹片等。立柱起支撑拱杆和固定作用，一栋宽 12～14m 的大棚需立柱 6～8 排，最外边的两排立柱要倾斜 60°～70°，立柱纵向每隔1～3m 设立 1 根。拉杆起固定立柱、连接棚架的作用。在立柱下 20cm 处将立柱相互连接。拱杆起固定棚形的作用，由大棚顶部向两侧呈弧形延伸，离地面 1～1.2m 处收缩成半立状。拱杆间距 1～1.2m。大棚设 3～4 道通风口，薄膜用压膜杆、压膜线或 8 号铁丝压紧（图 5）。

竹木大棚的取材容易，投资少，建造方便，是山东省目前的主要棚体结构之一。缺点是竹木易腐烂，立柱多，坚固耐用性差，使用年限较短。

②竹木水泥预制件混合结构大棚。与竹木结构大棚类似，但立柱改用承重力强的水泥预制件。立柱横断面为 10cm × 10cm，内有

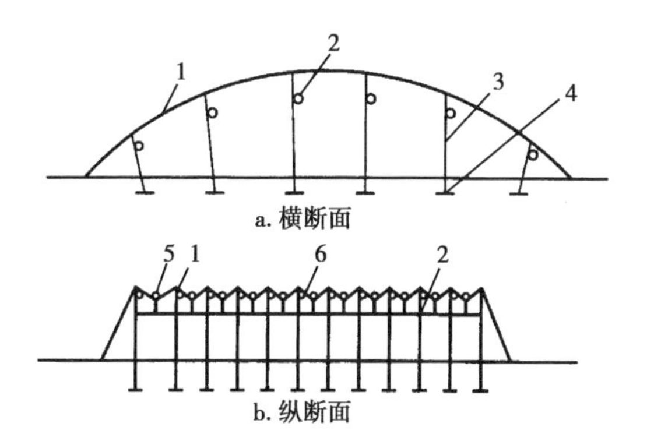


**图5　竹木结构大棚示意图**

1. 拱杆；2. 纵拉杆；3. 立柱；4. 立柱横木；
5. 压杆；6. 薄膜

直径6mm的钢筋4根，顶端圆弧形或Y形缺口，以便于架设拱杆。该结构大棚棚体坚固性、抗风雪能力、耐用性等都优于竹木结构大棚，但造价较竹木结构大棚高。

③钢结构架大棚。大棚跨度8～12m，高2.6～3m，长30～60m（图6）。拱架为用钢筋、钢管等焊接而成，采用平面拱形桁架结构，上下弦为弧形，上弦用直径16mm钢筋或6分管，下弦用12mm钢筋，拉花用9～12mm的钢筋，两弦相距30cm左右。拱架两侧固定在水泥墩上，棚内无立柱，其他与竹木结构相似。该结构大棚室内宽敞，透光性好，作业方便，坚固耐用，可多层覆盖，但造价较高。

④装配式钢管结构大棚。以薄壁镀锌钢管为主要骨架材料，骨架定型标准件生产，规格统一，易于建造安装。一般跨度6～12m，长30～50m，高2.5～3m（图7）。大棚的拱杆、拉杆为薄壁镀锌钢管，规格为（21～22mm）×1.2mm，内外壁有0.1～0.2mm的镀锌层。拱间距0.5～0.6m，纵向用4～6排拉杆与拱杆固定在一起。用特制的卡销固定拉杆和拱杆，棚体两端各设一门。薄膜用特制的卡膜槽、弹簧钢丝固定。钢管大棚外形美观，

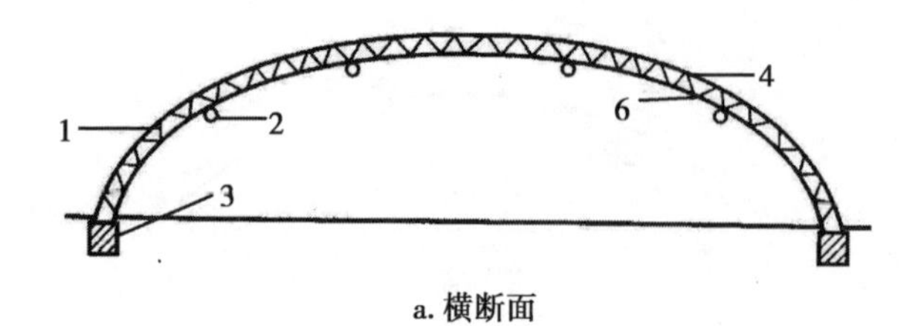


a. 横断面

b. 纵断面

**图 6　钢结构架大棚示意图**

1. 拉花；2. 拉杆；3. 水泥墩；4. 上弦；5. 薄膜；
6. 下弦；7. 压膜线

骨架坚固耐用。棚内空间大，无立柱，便于作业管理，但造价偏高。

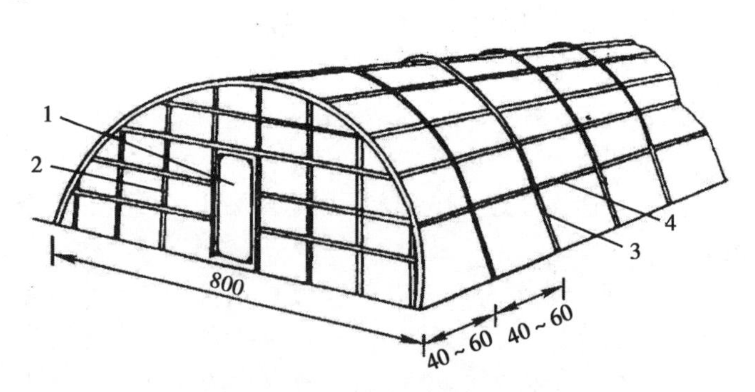


**图 7　装配式钢管结构大棚示意图（单位：cm）**

1. 门；2. 门上的立柱；3. 拱杆；4. 拉杆

### 2. 大拱棚的建造

(1) 竹木结构大棚的建造步骤与方法

①埋立柱。跨度10~14m的大棚，设立柱6~8排，分中柱、腰柱、边柱三种。建棚地点先平整土地，按规划设计放线，划出各排立柱的基点。然后挖坑，埋立柱。立柱的长度应比棚内各部位的实际高度多30~40cm，以备埋入土中。立柱上端锯成豁口，以便固定拱杆，豁口下方钻眼，以便穿铁丝固定拱杆。立柱下端呈十字形，入土部分可涂沥青防腐烂。立柱随埋随调整，使同一纵线上的立柱顶端高度一致，立柱纵、横成行，最后踩实。

②上拱杆。拱杆用直径3~4cm的竹竿或木杆压成弧形。先将竹竿的粗头埋入土中30cm左右，使拱杆横在中柱、侧柱、边柱上端的豁口中，用铁丝穿过豁口下的小孔，固定在每根立柱顶端的缺口中。

③绑纵向拉杆。拉杆用竹竿或木杆，顺大棚纵向，在每根立柱距顶端25~30cm处用铁丝绑牢。纵杆上30cm的空间是为了不使膜被压后接触到纵杆上，这样可使棚膜压得紧实。

④盖薄膜。棚膜按棚面大小粘接。跨度小的大棚，可只在顶端留通风口，以顶端为界，将薄膜粘成两块长条。跨度大的大棚，可在顶部和两侧均留通风口。通风一般采取扒缝的方式。在通风口处的薄膜边缘最好焊上一根麻绳，以便于通风。选择无风天气上大棚塑料膜，由多人从大棚的各个部位往上拉，边拉边整，调整好各个部位，棚周围边缘用土压严。在棚架对接处，用旧薄膜或布条缠好，以防挂破薄膜。

⑤上压杆。用细竹竿、8号铁丝或压膜线压膜。用细竹竿作压杆时，应先用铁丝将竹竿绑成弧形，两端插入膜两侧的土中，中间用铁丝穿过薄膜固定在纵向拉杆上。用8号铁丝作压膜线，要先用草绳或旧布条绑住铁丝，防止磨破薄膜，两端固定在地锚上，埋在大棚两侧。现在一般用工厂生产的专用压膜线压膜，最好是选用结

实、弹性小、易于捆绑的压膜线。

⑥安装门。在大棚两头，垂直封覆薄膜，用细竹竿固定成直立棚头，有时也做成拱形棚头。门在大棚两头各有一个，高 1.8～1.9m，宽 0.9m，用木条作门框，钉薄膜。还可做成左右推拉门，更能充分利用大拱棚的空间。

（2）竹木水泥预制件混合结构大棚建造　与上述竹木结构大棚建造基本相同，但立柱数量比竹木结构为少，可减少 1/3～2/3，但拱杆不减少，一般采用悬梁吊柱法建棚，即两立柱间每隔 1m，设一根长 20～30cm 的短柱，短柱下边固定在纵拉杆上，上端支撑拱杆。短柱可用木棒做，也可采用混凝土制成。

混凝土立柱或小吊柱的做法是：500 号水泥 1t，砂子 2.4t，直径 10mm 的河流石 4.7t，加水适量，倒入模型中进行浇铸。

（3）钢架结构大棚的建造　钢架结构大棚，有的由工厂定型生产，安装方便。若自己加工，应先做出模具，再做桁架。将上弦和下弦弯曲成拱形，再焊中间拉花。拱架焊好后，在建棚地点，焊上纵向拉杆。使大棚成为一体。焊接要结实，否则将影响其坚固性。

（4）装配式钢管结构大棚建造　这种大棚的拱杆、纵向拉杆等主要部件用各种连接卡连接，拆装方便。

棚门由两根门立柱、4 根门横担以及角撑、弹簧卡槽等用螺钉、螺母等组装而成。门轴按于门座上，可自由开关。薄膜用卡膜槽与弹簧钢丝配合进行固定。

### 3. 塑料大拱棚的性能及调节

（1）温度状况与调节

①大拱棚温度状况。当太阳光照射到大棚表面时，太阳光能有 80%～90% 进入大棚内，并转化成热能，这些热量被土壤等吸收。而大棚内热能以长波辐射透过透明屋面（塑料薄膜）时，透过率仅有 6%～10%，这样就使大部分的热能积累在大棚内。太阳短波

辐射进入室内，经地面改变为长波辐射时，受到薄膜的阻挡，很少能透过屋面外逸，使棚室内温度升高，这种现象称为“温室效应”。又因为大拱棚具有良好的密闭性，直接与外界空气对流量很少，大拱棚内的热能不能被气流外逸而带走，白天棚内的温度可大幅度提高。在夜间没有阳光辐射时，外界温度低，热量很快向外散出，使大拱棚内温度降低，尤其是没有外覆盖的大拱棚，温度的降低幅度更大。温度变化幅度大、昼夜温差大是大拱棚温度条件的基本特点之一。

季节、天气对大拱棚温度有明显的影响。外界温度高、棚内温度也高。外界温度低，棚内温度也低。低温季节，特别是阴、雨、雪天气，外界光照差，大拱棚内得到的热量少，棚内温度低。只覆盖一层塑料薄膜的大拱棚一般从 3 月份开始应用，这时阳光充足，白天升温快，中午要注意及时放风降温，防止高温危害。因大拱棚没有加温设施，播种期要适当，不宜播种过早。遇到寒流时，要及时增加覆盖。外界最低气温稳定在 15℃以上时，昼夜通风。夏初，当棚内温度过高时，还要覆盖遮阴物遮光降温。

大拱棚内气温的日变化比外界剧烈。日变化受外界光温条件变化和覆盖保温等影响。大拱棚不覆盖草苫最低温出现在 5～6 时，6～7 时棚温微弱回升，日出后的 8～10 时，棚温回升最快，在晴天、不通风时，平均每 h 升温 5～8℃，最高气温值多出现在 12～13 时之间，比外界最高气温出现的时间要早。晴天日间棚内升温快，昼夜温差大；阴天棚内增温慢，昼夜温差小。

地温日变化与上述气温变化趋势基本一致，也受季节、天气和人为因素的影响。土壤的热容量大，温度变化幅度比气温小。一天中最高、最低地温出现的时间分别比最高、最低气温出现的时间晚 2 小时左右。如大拱棚地温最高点在下午 2～3 时，最低点在早上 7～8 时。

②大拱棚温度调节。大拱棚栽培中，除遇到特殊天气情况，一般不进行加温。对温度的调节主要包括增光、保温及降温 3 个

方面。

增光：大拱棚的热量来源主要依赖于太阳光，因此，要尽量增加棚内进光量，减少棚内外热量交换，这是大拱棚增温和提高保温效果的关键。

保温：主要措施，一是选择结构合理的大拱棚类型；二是选择保温性好的塑料薄膜，必要时在夜间可在大棚外底部围盖草苫；三是大拱棚内增加小拱棚覆盖、地膜覆盖等，夜间小拱棚加草苫覆盖；四是尽量减少大拱棚门等缝隙放热；五是可在大拱棚的门口内侧挂上挡风帘，防止外界的冷空气直接冲入棚内。

降温：当大拱棚内温度超过甜瓜生育要求的适宜温度时，可人工降温。随着外界气温的升高，逐渐加大通风量；地面灌水或用井水灌溉降温；棚面上覆盖遮阳网、丰收布等遮阴降温。

（2）光照状况及调节

①大拱棚光照状况。大拱棚光照条件主要受大拱棚结构、地理纬度、栽培季节、天气状况、覆盖材料等的影响。

大拱棚甜瓜早春栽培时，棚内光照弱、光照时间短是其显著特点。加上薄膜反射、折射、吸收等造成光照更弱，不透明保温覆盖材料覆盖减少了光照时间，使大棚内的光照条件较差。

大拱棚内的光强分布主要表现为，棚内光强的垂直分布是上强、下弱，在棚顶最高处较强，由上向下逐渐递减，近地面处最弱。从棚顶至地面垂直递减率约每米下降 10%。大拱棚内光强的水平分布变化较小。南北延长的大拱棚，上午东侧光照强，西侧弱；下午西侧强，东侧弱；东西侧差别不大，南北两头相差无几。东西延长的大拱棚，南部光照强，中、北部稍弱，南侧与北侧光强约相差 10% ~20%，东西两头相差不大。大拱棚骨架材料越宽大，大拱棚结构越复杂，遮阴面积就越大，棚内的光照条件就越差。使用无滴、耐老化、消雾膜可使其内光照强度明显增加。

②大拱棚光照调节。人工补充光照，虽能调节和改善棚内的光照条件，但人工补光投资大，设备费用高，目前，生产上还难于广

泛应用。常见的改善光照的措施有：一是尽量增加塑料薄膜的透光率，经常保持塑料薄膜清洁，如经常用干布等擦抹薄膜或用水冲洗薄膜；二是大拱棚除选用耐老化膜外，尽量使用新膜扣棚；三是大拱棚的不透明覆盖物在保证温度的前提下尽量早揭、晚盖，以便充分利用阳光，延长甜瓜的受光时间。

春末夏初以后，大拱棚往往会出现光照过强或温度过高的情况，可进行遮光。可在塑料薄膜上涂白灰或泥土，能遮光20%～30%。还可适当覆盖草苫、苇帘、遮阳网等。

(3) 湿度状况及调节

①大拱棚湿度状况。大拱棚密闭不透气，土壤蒸发和蔬菜蒸腾的水分不易外散，造成大棚内的空气湿度显著高于露地。如不进行通风，棚内空气相对湿度可达70%～90%，夜间棚内湿度可达到100%。湿度过大时，既不利于甜瓜的生长，也会因花粉不易散粉而导致授粉受精不良，同时湿度过大也容易起多种病害如霜霉病、疫病的发生。因此，加强湿度管理是大棚环境调控的重要环节之一。

大拱棚湿度的变化规律是：大棚气温升高，棚内相对湿度降低；大棚气温降低，相对湿度升高。在棚内相对湿度100%的情况下，如棚温为5℃，每提高1℃棚温，棚内空气相对湿度约降低5%；在5～10℃时，每提高1℃气温，则降低3%～4%。晴天、风天相对湿度低；阴、雨、雪天相对湿度增高。夜间相对湿度大，白天低。在不放风时，经常达到饱和状态，在棚面上形成水滴。

②大拱棚湿度调节。大拱棚的湿度往往偏大，控制和降低棚内湿度，是大拱棚内湿度调节的关键。降低棚内空气湿度的主要措施有：一是严格控制浇水量，尽量少浇水，特别是避免大水漫灌，最好采用滴灌和膜下浇暗水，在低温季节的浇水尤其如此；二是采用地膜覆盖地面，或铺盖玉米秸、枯树叶、干草等，可减少土壤水分蒸发，避免湿度过大；三是通风散湿，加强通风可防止大棚内湿度过大。在生产管理中，有时因温度低，瓜农在管理上常常减少通风

量和通风次数，但不可连续多日不通风。

提高空气湿度方法有：增加灌水，在棚内喷雾，减少通风量和通风次数等。

（4）气体及调节　在甜瓜栽培中，由于施肥量大、温度高，而冬春季节为了保温多使大棚密闭，常会造成一些气体的积累。大棚空间及土壤中二氧化碳、氨气、二氧化硫、一氧化碳、氯气等气体，有些对作物是有益的，有些则是不利的。因此，对气体状况须进行调节，清除有害气体，而使有益气体保持适宜的浓度，这对保证甜瓜的正常生长发育是非常重要的。

①二氧化碳及调节。绿色植物的光合作用必须依靠二氧化碳和水为原料制造有机物，从而促使植株根、茎、叶生长和开花结果。适宜的二氧化碳浓度可以促进光合作用的进行。试验证明，多数蔬菜作物在二氧化碳浓度达到0.1%～0.16%时，光合作用效率最高。空气中二氧化碳的浓度一般为0.03%。大拱棚内由于作物的呼吸和有机物分解释放出二氧化碳，使夜间二氧化碳浓度可达到0.04%以上。白天由于植株进行光合作用，可使棚内二氧化碳浓度很快降到0.02%以下，对光合作用产生不利的影响。因此，必须进行二氧化碳的调节，使之适应植株生长的需要。调节的主要方法如下：

第一，通风换气。通风换气能迅速调节二氧化碳的浓度，使二氧化碳得到有效的补充。即便在冬季低温季节内，也应利用晴天中午短时放风。这样做，既可提高二氧化碳的浓度，又能使有害气体排到棚外。那种只考虑冬季保温而长时间不通风的做法是不科学的。

第二，增施有机肥。有机肥在发酵分解中，会释放出二氧化碳，使大拱棚内二氧化碳浓度提高，这是解决二氧化碳不足的最简便的方法。

第三，用化学法增施二氧化碳。碳酸氢铵与硫酸反应，可释放出二氧化碳。用这种方法增施二氧化碳简便易行，可使作物增产30%以上，而且生成的硫酸铵可作追肥施入土壤中。

②氨气危害及预防。氨气危害是由于棚内施入未腐熟的畜禽粪、饼肥或过多的碳铵、尿素，经发酵分解而产生大量氨气。当浓度大于 $5 \times 10^{-6}$mg/kg 时，氨气从叶片气孔侵入细胞，破坏叶绿素，叶缘变黄变褐进而枯干。因此，在大拱棚内应避免大量施用未经腐熟的厩肥、鸡粪、人粪等有机肥，也不可大量施用硫酸铵、硝酸铵、碳酸氢铵等化肥，以避免产生大量氨气。因此，施肥后一定注意覆土、浇水，加强通风，排除氨气危害。

③其他有害气体的预防。除氨气外，大拱棚中还会有二氧化氮、亚硫酸、二氧化硫、乙烯、氯气等有害气体。二氧化氮的主要来源是大拱棚内施用过多的有机肥或化肥。减少施肥量，并注意有机肥的充分腐熟，可以减少二氧化氮的产生。二氧化硫气体来源于煤炭的不完全燃烧，因而冬季大棚内加温，最好建造专用的烟道，使烟及时排出，并防止烟道封闭不严而漏烟。乙烯和氯气来源于有毒的农用塑料制品，这些制品的原料多为聚氯乙烯树脂、增塑剂和稳定剂等，特别是增塑剂在高温下易挥发出乙烯、氯气等，对厚皮甜瓜的危害很大。因此，生产上要选择安全无毒的塑料制品。

为防止有害气体的危害，大棚要注意经常通风换气，使棚内气体保持新鲜。防止有害气体的积累和对甜瓜的危害。

## （三）日光温室建造与性能

### 1. 日光温室的分类

日光温室的类型很多，缺乏统一的分类。常见的分类有：

（1）按建筑骨架材料分为竹木骨架日光温室、水泥预制件竹木日光温室、钢筋焊接的骨架日光温室、钢骨架日光温室、薄壁镀锌钢管骨架日光温室等。

（2）按前屋面的性状为一面坡、双折式、三折式、拱圆形、抛物线形等。

(3) 按温室内有无立柱分为有立柱日光温室和无立柱日光温室。

(4) 按建筑形式为单栋温室和连栋温室。目前，生产上应用的多数是单栋温室。

日光温室总的发展方向是：单栋、无立柱、拱圆形，在结构上坚固耐用，透光性和保温性好。

**2. 日光温室的结构参数**

结构合理的日光温室具有良好的保温和采光性能。由于我国各地的地理位置不同，纬度、气候资源、太阳高度角存在明显的差异，导致不同地区日光温室在结构上的差异。但总体上都要处理好跨度、高度、前后屋面角度、墙体及后屋面厚度等参数，同时要选择好各种结构材料和保温覆盖材料。

(1) 跨度　是指自北墙内侧到南侧底脚之间的宽度，一般为8~10m。不宜过大或过小，一般跨度每加大1m，为保持适宜的前屋面角度，要相应增加脊高0.2m。跨度过大，带来许多不便。据生产实践，在一定范围内，纬度高，跨度减少；纬度低，跨度加大。山东省各地日光温室的跨度多为9~12m。

(2) 高度　是指屋脊至地面的高度，又叫脊高或矢高。跨度相同的日光温室，高度不同时直接影响温室内空间大小和保温比(室内水平面积与覆盖面积的比值)。高度的增加可提高前屋面的采光角度，有利于白天采光，并且空间大，热容量也大。但高度过大，散热面积增加，保温比变小，不利于保温，且建造及管理有一定困难。反之，低矮的日光温室，前屋面角度变小，减少了太阳辐射的入射量，虽然保温比加大，但总体上不如高度适当加大的日光温室栽培瓜菜的效果好。山东省各地跨度10m的日光温室，高度在4.0~4.2m为宜。

(3) 长度　温室长度不宜过长或过短，以60~100m为好。长度低于20m时，室内两山墙的遮阴面积与温室的总面积的比例较大，弱光区域相对增加。温室太长（如超过100m），则产品、生产资料、幼苗的搬运不便。

(4) *前后屋面角度* 前屋面角度是指前屋面与地平面的夹角。这个角度直接影响日光温室的采光量。角度越大，冬季接受的太阳辐射越多。前屋面的角度随纬度升高而加大，高纬度地区，要有较大的前屋面角度，以接受更多的光线。但该角度也不是越大越好，要结合温室的结构、使用面积、空间利用是否合理等综合考虑。山东省各地日光温室的前屋面的角度以24°~30°为宜。

日光温室后屋面角即后屋面与地平面的夹角，决定于屋脊与后墙的高差和后屋面的水平投影长度，后屋面的投影长以0.8~1.2m为宜。在脊高和后屋面的水平投影长度已定时，后墙越矮，则后屋面的角度越大，反之越小。后屋面角度大于当地冬至太阳高度角时，后屋面在冬至前后可接受直射光。为使后屋面在冬至前后较长时间内（如11月上旬至次年2月上旬）中午前后接受直射光，后屋面角度最好大于当地冬至太阳高度角7°~8°。

(5) *墙体和后屋面的厚度* 各地建造的节能型日光温室加大了墙体和后屋面的保温贮热性能，白天得到的热量只有一小部分散失到室外，大部分贮积在室内土壤、墙体和后屋面，到夜间再传递到室内，使室内外最低温度差值达25~30℃。为增加保温贮热能力，一是内层要选用贮热系数大，外层选择贮热系数小的建筑材料；二是后墙采用空心墙，减少热量通过墙体向外散失；三是加大墙体和后屋面的厚度。各地要根据当地的气温状况确定墙体和后屋面的结构及厚度。在北纬35°左右的地区，土墙厚度以0.8~1m为宜；北纬40°左右的地区，土墙厚度以1~1.5m为宜。有条件的，墙体可采用复合结构。外层为支撑和挡风作用，可用砖和水泥板等；中层起阻热作用，可用导热系数小的岩棉、发泡塑料等；内层要有贮热功能，可采用人造松木板等。

(6) *覆盖材料* 日光温室越冬栽培时透明覆盖材料宜选用聚氯乙烯长寿无滴膜、EVA多功能复合膜等，其他茬次的栽培也可选用聚乙烯长寿膜或普通聚乙烯膜等。外覆盖材料要求保温、质地轻、便于揭盖。用稻草编制而成的草苫，其厚度应为4～5cm；为提高保温效果和防雨雪淋湿草苫，深冬期间应在草苫上加一层普通聚乙烯膜（或旧膜）。

（7）防寒沟　防寒沟可减少温室热量通过土壤散失，提高温室保温节能效果。在温室外，于温室前沿下，挖深、宽各40cm的防寒沟，沟内周围铺上塑料薄膜，然后填上麦秸、碎草等，再用土封严。

（8）通风口　通风口的主要作用是降温、排湿、补充二氧化碳，同时可排除有害气体。在距地面约1m高处设通风口。跨度大、空间大的日光温室，每间（3m左右）在后墙上设60cm×80cm的后窗（深冬封死）1个；跨度小的日光温室，每间在后墙上设40cm×50cm的后窗。以利通风和夏季利用。

### 3. 日光温室的建造

（1）场地选择与场地规划　场地要求背风向阳，地势高燥，土质肥沃，交通便利，有水源和电源条件。发展甜瓜生产，场地要离开城市污染区，避免有害气体、烟尘等的危害。

日光温室前后栋之间的距离以冬至时前一栋温室屋脊产生的阴影不影响后一栋温室采光为准。日光温室成规模建造时，应建在南北向主路的两侧，各侧的温室群可分成若干单元，单元间设有纵横道路。

（2）建造　以下以寿光下挖式日光温室（图8）为例，介绍日光温室建造过程。

寿光下挖式日光温室多为钢架结构，一般下挖深度0.5～1.0m，其优点是冬季温度高。具体建造流程如下。

①建造墙体。墙体为夯土结构，用挖掘机和推土机建造墙体。将30cm耕作层的熟土（阳土）推向温室南侧，等墙体建完并整平温室地面后再将熟土回填。地平面以上墙体高度为3.2m，一般需

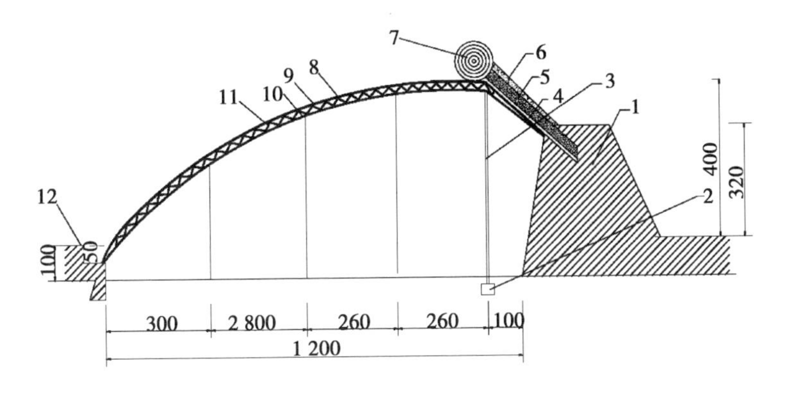


**图8　寿光下挖式日光温室示意图（单位：cm）**

1. 后墙；2. 基座；3. 立柱；4. 柁；5. 后坡玉米秸、麦草；6. 草泥层；7. 草苫、保温被；8. 塑料薄膜；9. 拱架上弦；10. 拱架下弦；11. 钢筋拉花；12. 地面

要 8～10 层土，每层土都要碾压数遍，压紧夯实。把压实的墙体雏形上口推平，后墙外高 3.2m。确定后墙内墙壁位置后划白线，沿白线切去多余的土，使内墙壁和地面的夹角为 80°。后墙的外侧面采用自然坡形式。墙体建成后，墙底部厚度 4.0m，顶部厚度 1.8m。东西山墙也按相同方法切好，两山墙顶部靠近后墙底内侧向南 1.0m 处向上垂直线处再起高 0.8 m，建成山墙山顶。

立柱向南 2.6m、5.2m、8.0m 处墙体外高分别为 3.6m、2.9m、1.9m，使山顶以南呈拱形面、以北呈斜形面。墙体建成后整平栽培床，将阳土回填后旋耕耙平，栽培床低于地平面 1.0m。温室前约3.0m 宽的地面二次下挖推平，低于地平面50cm，高于栽培床 50cm。沿后墙顶内侧向北 0.5m 处切除厚度为 1.05m 的土层，将后墙改成“女儿墙”状双层结构，以保证后屋面仰角达45°，以使阳光照射到后屋面内侧，从而能够积蓄更多的热量。

② 焊接立柱。在紧靠后墙体内侧向南 1.0m 处东西向每隔 1.8m 挖一个 30cm×30cm×40cm 深的坑预制立柱基座，并下预埋铁以便焊接后立柱用。用 8.3cm（2.5 寸）、5.0m 长的钢管作立

柱，焊接于立柱基座上，焊接时向北倾斜 3°～5°，加大支撑后坡的压力与重力。立柱上端顺东西方向焊接 1 根 4.0cm（1.2 寸）镀锌管，镀锌管东西两端焊接于山墙预埋件上。

③处理后坡。预制后墙预埋件。在后墙女儿墙的矮墙墙顶内墙沿向北 0.47m 处沿东西向用水泥预制，每隔 0.6m 埋一块预埋铁。

制后坡：截取长 1.85m、规格为 50mm×50mm×6mm 的角铁，在立柱顶端向下 1.85m 处南北焊接，南端焊在立柱上，北端焊在后墙预埋件上。再截取长 2.62 m、规格为 80mm×80mm×8mm 的角铁，上端焊在立柱顶端镀锌管上，下端焊在后墙预埋件上，使后坡形成等腰三角形（即后坡角度为45°）。在两相邻立柱之间截取2根长 2.62m 的 80mm×80mm×8mm 角铁，上端分别焊在立柱顶端顺东西向的镀锌管上，下端焊在后墙预埋件上。在 2.62m 长的角铁上顺东西向等间距焊接4 根规格为 50mm×50mm×6mm 的角铁，每根角铁东西两端焊在山墙预埋件上。

上后坡：在北纬 38°以北地区，后坡采用 12cm 厚聚氨酯泡沫板保温，长度以上端扣在上部角铁内，下部放在后墙顶部为宜。保温板铺好后放一层钢网、10cm 厚水泥预制，也可用水泥板替代预制，但是水泥板易开裂不利于防水。

后坡覆土：放好水泥预制后进行后坡覆土。从日光温室后墙外部取土，堆砌在后屋面保温板、防水材料之上，每加盖 30cm 厚的土层稍加压实。覆土高度以不超过温室屋顶为宜，做到南高北低。

保护后坡：平整好“后屋面”土层后，最好使用一整幅塑料薄膜覆盖后墙。棚顶和后墙根两处各东西向拉根钢丝将其固定。

注意上后坡、后坡覆土、保护后坡三道工序须在上好主、副拱架后进行。

④处理前坡。焊制钢架拱架：每隔 1.8m 设钢架主拱架 1 架，100 m 温室共计 55 架主拱架。两相邻主拱架之间等距离设置 2 架副拱架，100 m 温室共计 111 架副拱架。主、副拱架共 166 架，各架拱架间距 0.6 m。焊制前坡拱架要选取国标 4.0cm（1.2 寸）镀

锌管与3.3cm（1.0寸）镀锌管焊成双弦拱架，用直径6.5mm钢筋拉花焊成直角形。选择一平整场地，根据日光温室宽度、高度和前坡棚面角度，在地面做一模型，在模型线上固定若干夹管用的铁桩，根据模型焊制拱架，这样做即标准又便利。

预制拱架前基座：在日光温室前沿按设计宽度东西向切齐并垂直于栽培床，夯实地基，东西向每隔0.6m（与后墙女儿墙的矮墙上的预埋铁对齐）预制拱架前基座，以备焊接主、副拱架用。

上棚架：后坡焊好后即可上拱架，主拱架南北向后端上弦焊于立柱顶端横向镀锌管上，下弦焊于立柱上，前端焊于拱架前基座上。副拱架南北向后端上弦直接焊于横向镀锌管上，截取1段直径6.5mm钢筋，一端焊于副拱梁下弦上，另一端焊于镀锌管上，副拱架前端焊于拱架前基座上。注意一定要使拱架向下垂直于地面、南北向垂直于后墙。顺东西向在拱架的下弦上焊5～6道直径6.5mm的钢筋作为拉筋，将拱架连成一体，拉筋东西两端焊于山墙预埋件上，拉筋在拱架上按南北向均匀分布。

⑤ 覆盖棚膜。棚膜准备。棚膜由上下两块薄膜组成。上块薄膜为放风膜，宽2.5～3.0m，经滑轮和绳索拉动上块薄膜调节放风口大小的方式通风。下块棚膜为屋面膜，宽12.5～13.0m，由多幅膜热压缝粘成。棚膜长度比温室内径长5～6m。

上棚膜：在晴天上午10时以后，把下块薄膜展开，拉到前坡棚架上，暴晒2～3h，将东西两端分别卷入长细竹竿，待整块屋面膜拉展伸紧后，前坡顶部留宽1.～1.8m的通风口，两侧分别固定在山墙外的地锚上。上块棚膜的上端用草泥固定到后屋面上，下端压住下块棚膜40～50cm。

上压膜线：上好棚膜后在棚膜上拉压膜线，每隔1.8m拉一道防风压膜线。上端拴在棚脊后东西向拉紧的钢丝上，拉紧一定程度后，下端拴在前角外的地锚上。

**4. 日光温室的性能与应用**

日光温室是一种在北纬40°及以南地区，冬季不加温可生产喜温性蔬菜的栽培设施，故也适用于冬春季甜瓜栽培。在不加温下，甜瓜一般能正常生长和结果。

在低温季节要正常生产甜瓜，应注意提高室内的温度。温度的提高一般通过增加温室采光和增加保温能力两个方面来实现。温室的采光性能与结构、材料密切相关，采光面角度、薄膜的性能（包括质量和清洁度等）、拱架和立柱等均会影响采光性。温室的保温性能与温室的大小（长、宽、高）、后墙建筑材料性质和厚度、后坡的厚度和角度、覆盖材料（含透明和不透明覆盖材料等）、防寒沟等有直接关系，同时也与室内的日常管理有关。增加保温和采光性能首先要注意设计、建造的日光温室在结构上要合理。

日光温室使用中，光线最差时期是冬春季节，而此时甜瓜处在光线弱的条件下，对光线强弱很敏感。要创造条件改善光照，这包括要及时早揭苫、晚盖苫，延长作物的见光时间。冬季在后墙上可张挂反光幕。要经常清洁薄膜，增加透光量。

日光温室内温度的变化规律与塑料大棚变化基本类似，如白天温度高，夜间温度低，昼夜温差大。冬季日光温室内外的温差（一般冬季通风时间短，通风量小）有时达到15～20℃。其他季节室内温度也明显高。要通过通风时间的早晚、通风量的大小、去膜的时间、不透明覆盖物揭盖时间、临时加温、多层覆盖等来调节日光温室的温度。

日光温室湿度的变化规律及调节，与塑料大棚的湿度变化特点及调节措施基本相同，不再重述。但下挖式日光温室内湿度往往较非下挖式日光温室内高，因此要特别注意通风排湿。另外，下挖式日光温室还要建立好日光温室间的排水系统，防止雨季温室内积水。

# 七、甜瓜施肥技术

## （一）主要矿质元素的生理作用

甜瓜生长期短，茎叶生长迅速，产量较高，对矿物营养需求量大，同时要求营养全面。甜瓜吸收的主要营养元素为氮、磷、钾、钙、镁及少量微量元素。

矿质元素在甜瓜的生理活动及产量形成、品质提高中起着重要的作用。

### 1. 氮

氮是原生质、核酸、叶绿素和酶等生命物质的重要成分，对植株营养生长作用明显。供氮充足时，叶色浓绿，光合作用强，生长旺盛；氮不足，叶片中叶绿素含量降低，叶片发黄，植株瘦小。但生长前期若氮素过多，易导致植株疯长；若结果后期植株吸收氮素过多，则会延迟果实成熟，且果实含糖量和维生素 C 的含量均降低。

### 2. 磷

磷是细胞核蛋白、磷脂和核酸的组成成分，与各种生物化学反应密切相关。在各种矿质营养中，磷能在很大程度上影响着甜瓜果实糖分的合成和积累。缺磷时，叶脉或茎发紫，生育初期最易表现出来。缺磷会使植株叶片老化，植株早衰。

**3. 钾**

钾有利于原生质的生命活动及植株进行光合作用，同化产物的运输。钾对提高甜瓜的品质有良好作用，这是因为钾能使光合作用旺盛，糖分积累增加，同时钾还参与碳水化合物的运输。施钾还能增强植株的抗性，减轻枯萎病等病害的危害。甜瓜植株缺钾时，叶色暗绿，叶尖及叶缘黄化，果实发育期如仍缺钾，产量下降，品质恶化。

**4. 钙**

钙是细胞膜、细胞壁形成的重要成分，对组织、器官的构建有十分重要的作用。钙能中和体内的有机酸，参与还原反应和蛋白质合成，与氮素代谢关系密切。土壤缺钙会影响各种生理过程和植株的正常生育，表现果皮泛白，网纹粗劣，不耐贮藏。

**5. 镁**

镁是叶绿素的重要组成成分。缺镁，影响叶绿素的形成，导致叶片黄化，使光合作用发生障碍。镁与体内多种酶促反应有关。甜瓜植株正常的生长发育要求体内镁与磷的含量有适当的比例。缺镁的症状常常在植株生育的中后期表现出来，下部叶片失绿变黄，继而组织坏死，叶片脱落。

此外，铁、硼、钼、锰、锌等微量元素与甜瓜的生长发育也有密切的关系。

## （二）甜瓜对主要矿质元素的吸收特点

甜瓜对氮、磷、钾肥料三要素要求以钾量最多，氮次之，磷最少。据最新试验结果：平均生产 1 000kg 甜瓜产品需吸收氮（N）2.5～3.5kg、磷（$P_2O_5$）1.3～1.7kg、钾（$K_2O$）4.4～6.8kg、钙

（Ca）5.0kg、镁（Mg）1.1kg、硅（Si）1.5kg。甜瓜在其不同的生长发育时期，对氮、磷、钾营养元素的吸收数量与比例有很大差异，对养分吸收以幼苗期吸肥最少，开花后氮、磷、钾吸收量逐渐增加，开花到果实膨大末期是甜瓜吸收养分最多的时期，也是肥料的最大效率期。据试验，甜瓜发芽期吸收量较少，仅占总吸收量的0.01%左右；幼苗期吸收量占总量的0.5%～0.6%；伸蔓期生长速度加快，吸收量占总量的15%左右；果实膨大期，其生长量最大，吸收量占总量的82%左右。在甜瓜的营养生长旺盛时期，吸收氮最多。

甜瓜品种类型不同，吸收高峰出现的早晚不同，但吸收规律是一致的。

## （三）施肥方面存在的主要问题

甜瓜通过设施生产，能够使甜瓜提前上市，价格很高，可获得巨大的经济效益，生产者为获得高产高效，往往会加大肥料用量，造成栽培棚室内土壤中氮、磷、钾超标，这不仅浪费肥料，还会对土壤、环境造成严重的污染，直接导致土壤生态环境恶化，如土壤板结、土壤盐渍化和酸化。根据近几年山东省西甜瓜主产区的土壤肥力调查，发现农户施肥中存在的主要问题如下：

### 1. 盲目选择肥料品种

目前市场上肥料品种繁多，如何选择适合的肥料品种，有的是凭经验，即过去施用这种肥料效果很好，以后每年都施用；有的是凭主观意愿，别人施什么肥就施用什么肥；有的轻信电视、媒体、广告和推销人员宣传，基本不考虑土壤条件和甜瓜作物的需肥特性，久而久之，造成土壤养分比例失调。

### 2. 确定肥料用量上带有盲目性

甜瓜生长到底需要多少肥料，农户没有一个统一的标准。许多农户是根据甜瓜市场价格高低来决定施肥量。当市场甜瓜价格高时，便认为多施肥可增加产量，往往造成施肥过量。当市场甜瓜价格低时表现为懒于管理，则施肥不足，且氮、磷、钾三要素的施用比例不协调。多数情况下是过量施肥，由于施肥量不当，土壤养分含量高，不仅导致肥料的浪费，而且影响了甜瓜的品质和产量。

### 3. 有机肥腐熟不彻底

新鲜的鸡粪、牛粪和猪粪等畜禽粪便，如果未充分腐熟就直接施用，不但会发生烧苗现象，还会造成环境污染。这是目前在甜瓜生产上存在的普遍问题。

### 4. 施肥方法不当

在施肥方法上普遍存在“三轻三重”现象，即“重化肥、轻有机肥”，“重氮肥，轻磷钾肥”，“重大量元素肥、轻微量元素肥”。在施肥结构上存在不合理现象，氮、磷、钾比例严重失调，中微量元素肥施用量少。致使土壤养分极不均衡，缺素现象普遍。如施氮过量会引起缺钙；硝态氮过多会引起缺钼失绿；钾过多会降低钙、镁、硼的有效性；磷过多会降低锌、硼的有效性。施肥浅或土表施肥料易挥发、流失或难以到达植物根部，不利于甜瓜吸收，造成肥料利用率低，流失严重，轻者造成肥害，重者发生烧苗、植株萎缩等现象。比如，一次性施用化肥过多或施肥后土壤水分不足，会造成土壤溶液浓度过高，根系吸水困难，导致植株萎蔫，甚至枯死。土壤肥料营养过剩更会引起环境污染。

## (四) 常用肥料的种类

### 1. 有机肥

有机肥泛指农家肥，包括动植物残体、畜禽粪便、生物废物等，施用有机肥料不仅能为农作物提供全面营养，而且肥效长，可增加和更新土壤有机质环境，促进有益微生物繁殖，改善土壤的理化性质和生物活性。甜瓜生产常用有机肥种类如下。

(1) 堆肥　以各类秸秆、落叶、青草、动植物残体、人畜粪便为原料，与少量泥土混合堆积发酵而成的一种有机肥料。

(2) 沤肥　沤肥所用原料与堆肥基本相同，只是在淹水条件下进行发酵而成。

(3) 厩肥　指猪、牛、马、羊、鸡、鸭等畜禽的粪尿与秸秆垫料堆沤制成的肥料。

(4) 沼气肥　在密封的沼气池中，人畜禽的粪尿和作物秸秆粉碎物腐解产生沼气后的副产物，包括沼液和残渣。

(5) 绿肥　利用栽培或野生的绿色植物体作肥料。如豆科的大豆、绿豆、田菁、苜蓿等。

(6) 作物秸秆　农作物秸秆是重要的有机肥之一，如小麦、水稻、玉米等作物秸秆含有作物所必需的营养元素有 N、P、K、Mg、Ca、S 等。在适宜条件下通过土壤微生物的作用，这些作物秸秆分解后营养元素再回到土壤中，为下茬作物吸收利用。

(7) 饼肥　菜籽饼、棉籽饼、豆饼、花生饼等。

(8) 泥肥　未经污染的河泥、塘泥、沟泥、湖泥等。

### 2. 无机肥料及复混肥料

复混肥是同时含有氮、磷、钾中两种或两种以上成分的肥料。按照制造方法分为两类，复合肥料和混合肥料。最常见的复合肥是磷酸二铵、硝酸钾等。复混肥料将几种单质肥料按作物和土壤等条件灵活地配制成不同规格，用机械混合的方法制取的，目前，市场上出售的专用肥多属这类肥料，例如，硫酸钾型复合肥等。

化肥种类很多，生产上常用的氮素肥料主要有硫酸铵、碳酸氢铵、尿素等，常用磷素肥料有过磷酸钙、重过磷酸钙等，常用钾素肥料有硫酸钾等。

**3. 微生物肥料**

微生物肥料是指用特定微生物菌种培养生产的含有活性微生物的制剂。它无毒无害、不污染环境，通过特定微生物的生命活力能增加植物的营养或产生植物生长激素，促进作物生长。根据微生物肥料对改善作物营养元素的不同，可分以下类别：

（1）根瘤菌肥料　能在豆科植物根上形成根瘤，可同化空气中的氮气，改善豆科植物氮素营养，有黄瓜、西瓜、甜瓜等专用根瘤菌剂和微生物菌肥。

（2）固氮菌肥料　能在土壤中和许多作物根际固定空气中的氮气，为作物提供氮素营养又能分泌激素刺激作物生长，有自生固氮菌、联合固氮菌等。

（3）磷细菌肥料　能把土壤中难溶性磷转化为作物可以利用的有效磷，改善作物磷素营养。种类有磷细菌、解磷真菌、菌根等。

（4）硅酸盐细菌肥料　能对土壤中云母、长石等含钾的铝硅酸盐及磷灰石进行分解，释放出钾、磷与其他元素，改善植物的营养条件。

**4. 腐殖酸类肥料**

随着全球肥料产业，特别是化肥产业升级换代的需要，腐殖酸作为重要的有机肥料和绿色环保肥料，其开发愈来愈受到重视。目前，在市场上流通的有固体、液体两大类肥料。

（1）*腐殖酸类固体肥料*　腐殖酸类固体肥料系指以根施（底肥）为主的基础肥料。主要由腐殖酸与大量元素（N、P、K）、中量元素（Ca、Mg、S）、微量元素（Zn、B、Fe、Mo、Mn、Cu）及稀有元素结合而形成的单质或多元肥料。市场上常用的腐殖酸固体肥料有腐殖酸氮肥、腐殖酸磷肥（或称磷腐肥）、腐殖酸钾肥、腐殖酸铵、硝基腐殖酸铵、腐殖酸尿素、腐殖酸复混肥料、生物腐殖酸有机肥料、腐殖酸镁肥料和腐殖酸微量元素肥料等。

（2）*腐殖酸类液体肥料*　腐殖酸类液体肥料系指以沟内冲施和植物叶面喷施为主的补充肥料，包括含腐殖酸水溶性肥料、腐殖酸叶面肥料等。

## （五）施肥原则

根据甜瓜对主要矿质元素的吸收特点，在甜瓜施肥中应掌握的主要原则如下。

### 1. 重施有机肥、增施钾肥

有机肥能疏松土壤，促进根系生长，提高根的吸收能力，而有机肥作基肥可供甜瓜整个生育期吸收利用，对于维持植株的生长势，提高抗病性有利，而且后效明显，可以改善农田生态环境。因此要提倡增施有机肥作基肥，基肥以缓效的厩肥及土杂肥为主，并配合磷、钾化肥的施用。

甜瓜生产实践证明，钾肥无论单独施用或混合施用，均可提高甜瓜果实的含糖量，明显改善品质，并提高植株抗病性，从而提高产量。

### 2. 三要素配合施用

氮、磷、钾三要素以适宜的比例配合应用可以显著提高甜瓜果实的产量和品质。根据这个原理，各地结合土壤肥力情况及甜瓜对养分的吸收特点，配制了以氮肥、磷肥、钾肥及微肥配制的甜瓜专用肥，在生产上施用效果很好。

为使甜瓜植株生长发育良好，高产优质，单株平均施肥量大致是：氮 12g、磷 16～18g、钾 16g。但考虑到肥料的流失等因素以及甜瓜实际对肥料的利用率，每株施肥量大约是氮 12g、磷 25g、钾 20g。每块瓜田的土壤肥力基础差异很大，究竟应补充多少肥料，必须根据土壤肥力的测定结果进行补充，做到测土配方施肥。

### 3. 基肥与追肥相结合

甜瓜施肥要注意基肥与追肥相结合。基肥和追肥的比例因栽培季节和生育期的长短而异，生育期间温度高，生育期短的基肥、追肥以 7∶3 为宜；生育期间温度较低，生育期较长的则以 6∶4 为宜。在播种或定植时施足基肥，在生长期间及时追肥。为满足甜瓜对各种元素的需要，基肥主要施用含氮、磷、钾丰富的有机肥，如圈肥、饼肥等；追肥尽量追施氮、磷、钾复合肥和磷酸二铵等，而不能单纯施用尿素、硝酸铵等化肥。应注意在果实膨大后不能再施用速效氮肥，以免降低含糖量。

另外，甜瓜为忌氯作物，不宜施用氯化铵、氯化钾等肥料，也不能使用含氯农药，以免对植株造成伤害。

# 八、甜瓜栽培技术

## （一）厚皮甜瓜日光温室、大拱棚冬春茬栽培

厚皮甜瓜冬春茬栽培一般是指在 11 月下旬至 2 月上旬育苗，3 月下旬至 5 月中旬收获的一茬厚皮甜瓜，是厚皮甜瓜栽培中的重要茬口，也是一年中效益最高的茬口。该茬口充分利用日光温室、大拱棚的保温作用，提前育苗，早定植，促进甜瓜早熟，争取最大种植效益。

### 1. 品种选择

日光温室、大棚冬春茬栽培，应选用早熟或中早熟的品种，并应具有低温下生长及结果性好，较耐阴湿环境和优质、丰产、抗病等特点。本书介绍的厚皮甜瓜品种在冬春季栽培一般都可选择应用，但目前应用较多的品种有伊丽莎白、翠蜜、鲁厚甜 1 号、瑞红、天蜜脆梨等。在选择品种时要注意考虑消费地区的消费习惯，根据市场的需要决定所选择品种的外形，果皮、果肉颜色，有无网纹等。如在喜食黄皮果品种的地区应选择以伊丽莎白为代表的黄皮果类型。在喜食高档网纹甜瓜品种的地区应选择网纹甜瓜品种类型。

### 2. 培育壮苗

山东各地日光温室栽培，播种育苗的适宜时间是 11 月下旬至 12 月上旬，大拱棚为 1 月下旬至 2 月上旬。育苗正处低温季节，要采取加温育苗措施，常用的加温措施包括电热线加温、火道加

温、热风炉加温等措施。厚皮甜瓜壮苗的标准是：苗龄 35 ~ 40d，茎秆粗壮，下胚轴直径 0.3cm 以上，节间短，苗墩实，株高低于 15cm，叶色绿或深绿，有光泽。根系发达，完整，白色。子叶完好，有 3 ~4 片真叶，无病虫害。

有条件的地区可以通过育苗工厂购进甜瓜苗。为防治土传病害，近年来生产上已开始推广应用甜瓜嫁接苗。

**3. 定植前准备**

（1）土地选择　甜瓜对土质的要求不甚严格，但为实现优质、高产，最好选择土壤疏松、肥沃、土层厚的沙壤土。为防止有病菌的土壤使甜瓜染病，最好选择 3 ~5 年内未种过瓜类蔬菜的土壤。

（2）整地、施肥、作垄　日光温室、大拱棚的甜瓜栽培密度较大，因此要求精细整地、施肥。如果是利用冬闲地建大拱棚或日光温室，应在冬前深耕 25 ~ 30cm，进行冻垡，这样经过冬季冻融交替，可以风化土壤，使土壤疏松。若是利用前茬为越冬菜或冬季育苗的大拱棚或日光温室，应在定植前 10 ~ 15d 进行清园，并深耕和大通风，以降低土壤水分和使土壤疏松。然后将底肥的一半全地面撒施，再翻入土中，整平后再开沟集中施肥和做畦。在整地时，应将前茬作物根系拣出棚室外。日光温室计划覆盖草苫的，定植前应提前上草苫，并要每天昼揭夜盖，提高棚室内的温度。

冬春茬栽培甜瓜施肥量，中等肥力的土壤，一般每 667$m^2$ 施腐熟的厩肥 4 000 ~5 000kg、饼肥 150kg、腐熟鸡粪 1 500kg、氮磷钾复合肥 50kg。基肥一半在整地时地面普遍撒施，另一半施在做好的垄或小高畦内。对前茬作物为瓜类的大拱棚，作垄时垄底施用 50% 敌克松可湿性粉剂 2kg 或 50% 多菌灵可湿性粉剂 2kg，进行土壤消毒，以防止土传病害如枯萎病等的发生。

该茬甜瓜的作畦方式一般采取小高垄或高畦。若用日光温室栽培，作畦均采用南北向畦（与日光温室纵向垂直），大拱棚的作畦方向一般与大棚的纵向平行。栽培密度，一般栽培行距为 75 ~

90cm，株距40～50cm，每667m² 种植1 700～2 200株。每3m宽可种两畦，即将地整成90cm宽高畦，60cm宽低畦。然后在高畦上整成高15cm的垄（图9）。具体栽培密度需根据品种、整枝方式等而定。对于小果型早熟品种（单果重在1.5kg以下），每667m² 可种植2 000～2 300株；而大果型品种（单果重在1.5kg以上）每667m² 种植1 500～1 800株为宜。

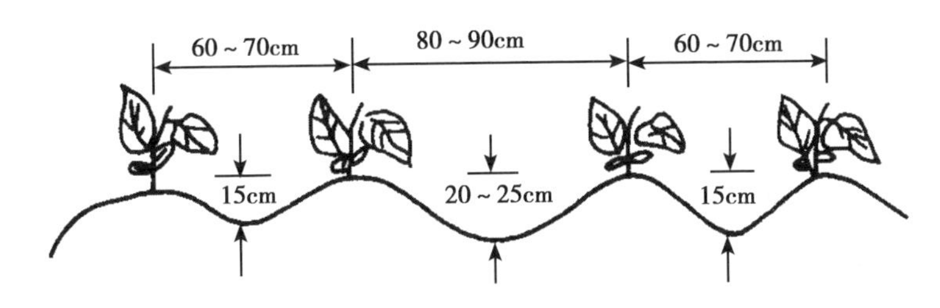


**图9　厚皮甜瓜垄式栽培示意图**

作者于1999年春季，以鲁厚甜1号厚皮甜瓜为试材，单蔓整枝，每株留1果，按株距×行距为40cm×80cm（每667m² 栽植2 083株）、45cm×80cm（每667m²栽植1 851株）、50cm×80cm（每667m² 栽植1 667株）、55cm×80cm（每667m² 栽植1 515株）进行的密度试验证明（表16），鲁厚甜1号以667m² 栽1 851株产量最高，而以每667m² 栽植1 515株单瓜最大。厚皮甜瓜是高档果品，其单瓜重是衡量商品性的重要指标。生产上应在保证单瓜重的前提下，尽量提高总产量。根据以上试验，确定鲁厚甜1号的适宜密度为每667m² 种植1 600～1 800株。棚室内过度密植是不合适的，特别是在春季阴天多、光照弱的地区。

**4. 定植**

（1）定植期与定植方法　厚皮甜瓜要在10cm地温稳定在14～15℃以上，日最低气温不低于13℃时定植。若温度达不到要求，则要对棚室增加覆盖物或推迟定植期。推迟定植的，苗床要控制较低的温度，防止苗龄过大。据此，山东日光温室多数在1月中旬至1月下旬定植，大拱棚在2月下旬至3月上旬定植。大拱棚定植厚皮甜瓜，一般需在棚内盖地膜，并扣小拱棚。定植应选寒流刚过后的晴暖、无风天气的上午进行，上午9时至下午3时定植最好。

**表16　鲁厚甜1号甜瓜栽培密度试验**

**（1999年春）**

| 密度（株距×行距） | 小区产量（$kg/21m^2$） | 折合$667m^2$产量（kg） | 单瓜重（kg） |
|---|---|---|---|
| 40cm×80cm | 83.25 | 2 647.9 | 1.27 |
| 45cm×80cm | 91.75 | 2 912.7 | 1.53 |
| 50cm×80cm | 85.95 | 2 728.6 | 1.53 |
| 55cm×80cm | 80.89 | 2 568.0 | 1.57 |

（2）*起苗*　要根据营养钵中营养土的情况，若能成团，则起苗前不必浇水，但较疏松的营养土在过干时容易散坨，这时可在栽植前一天给苗床喷水。起苗时注意尽量保护根系，做到少伤根。从苗床上选出健壮瓜苗，连同土坨或营养钵一起运到棚室内。运输距离较远时要注意保温防冻。运到棚室内的瓜苗，分开摆放在各定植穴附近的畦面上。

（3）*定植方法*　先在畦面按株距划出定植穴位置。再用移植铲挖定植穴。定植穴的大小应与土坨或营养钵大小相适应，不宜过小。定植时先小心脱掉塑料营养钵，将带完整土坨或营养基质的秧苗放入穴内，使土坨表面与畦面平齐或稍微露出畦面，先埋少量土，使幼苗直立，然后在穴内浇水，之后填土，沿土坨四周用手将填入的土轻轻压实，但不要挤压土坨。如果土壤底墒不足或土壤松散，或土坨较干时，可在全棚室栽完后，随即浇一次水。也可在定植当日暂不完全封穴，次日再补浇一次水，以利于缓苗。

定植时应当注意的问题，一是甜瓜秧苗不宜栽植过深，栽苗埋土后露出子叶为度，埋得过深地温低，不利幼苗生长。当然也不宜过浅，否则土坨露出地面，浇水不便，且易伤苗；二是定植气温较低时最好采用“水稳苗”法定植。先在定植穴内先浇水，当水渗下一半而又尚未完全渗下时，将苗放入穴内，水渗下后封穴。这样有利于地温回升，但要防止浇水不足，并及早浇第一水；三是栽苗时应在棚室内适当位置多栽一些苗子，便于以后补苗；四是避免大水漫灌，以免降低地温，发生僵苗。

全棚室栽完后，整理畦面，在畦面扣小拱棚。由于棚室内无风，所以拱架材料要求不甚严格，小拱棚覆盖薄膜。对薄膜不必压得很牢固，以便于揭、盖。近年来，有瓜农定植后除扣小拱棚覆盖外，还在日光温室、大拱棚外覆盖的薄膜下加一层天幕，这样可进一步提高保温效果。定植工序完成后，封严棚室薄膜，以提高棚室内温度。为了使定植当日尽快提高地温，最好在下午 3 时前定植完毕。

(4) 缓苗期管理　定植后可立即覆盖地膜，或者细中耕 1 ~ 2 次后再盖地膜。定植后 5 ~ 7d 内，要注意提高棚室内的温度，尤其是地温，应使地温保持在 15 ~ 18℃，气温维持在 30℃左右，以利于缓苗生长。日光温室定植的，夜间应覆盖草苫。大拱棚定植的，定植后要盖好小拱棚，夜间小拱棚上在加盖草苫保温。缓苗期要密闭日光温室或大拱棚，以及棚室内的小拱棚，一般不需通风换气。

刚定植的秧苗，如果光照强，或幼苗根系发育不良，或定植时散坨，秧苗很易发生萎蔫现象，这时不必通风，而采用遮阳网等在中午前后进行适当遮光、降温。日光温室中午可间隔盖上草苫，到光照减弱时再逐渐揭开。缓苗期如果遇到强寒流天气，应在棚室内的小拱棚上增加覆盖，使地温不低于 13℃。

缓苗期间，因伤根太重或其他原因造成死苗的，要及时查苗补苗。定植时浇水不足的，缓苗期间可补浇一次小水。

### 5. 定植后的管理

（1）环境条件调控　主要有温度管理、湿度管理、增加光照、调节气体等内容。

①温度管理。为调节棚室内的温度，缓苗后可开始通风。一般白天温度不超过32℃，夜间不低于15℃，随着天气转暖逐渐加大通风量，以利于甜瓜的扎根伸蔓，健壮生长。日光温室内直到3月上旬前，由于环境温度较低，管理要以保温为主，及时揭盖草苫，少通风，通小风。此期可利用顶部通风口进行通风来调控温度，气温超过32℃以后，适当进行通风，保持白天气温25～28℃。为改善光照条件，在白天上午9时至下午3时，可将棚室内的小拱棚揭开，让瓜苗多见光。

3月上旬以后，外界气温逐渐升高。日光温室甜瓜进入开花授粉和坐瓜期，白天气温控制在28～32℃，夜间15～18℃，保持15℃以上的温差。甜瓜开花授粉期，要保证光照充足和较高的夜温，如果此时夜温低（如温度低于15℃），则容易造成落果和影响果实的膨大。大拱棚内扣小拱棚栽培的一般于4月初可撤掉小拱棚，引蔓上架或吊秧。进入5月份以后，棚室外气温超过18℃，应大通风，顶部通风口和两侧通风口可同时打开，并在夜间通风，保持白天温度不超过32℃，夜间温度不超过18℃，因为高夜温容易导致果实品质下降。为使棚室充分降温，后期需通底风，或将大拱棚下部薄膜或日光温室前棚面底部薄膜卷起，进行大通风。

②湿度管理。日光温室、大拱棚内空气相对湿度高，采用地膜覆盖可明显降低空气湿度。一般在甜瓜生长前期棚室内的空气湿度较低，吊秧栽培在茎叶满架或爬地栽培时茎叶封垄后，由于蒸腾量大，灌水量也增加，使棚室内湿度增高，白天相对湿度达到60%～70%，夜间达80%～90%。为降低棚室内空气湿度，减少病害的发生，晴暖天气下午可适当晚关闭风口，加大空气流通，还可以采取行间铺草来降低地面蒸发。若遇到阴雨天，可不开顶部通风口，

防止雨水滴入棚室内而增加湿度。种植甜瓜，应尽量减少浇水次数。浇水后及时通风降湿。

③增加光照。与其他瓜类蔬菜相比，厚皮甜瓜要求较强的光照强度，而由于棚室覆盖薄膜后薄膜的折射和薄膜被污染，透入棚室内的光照强度降低，在多层薄膜覆盖的条件下更为突出。因此，要注意保持棚膜的洁净，大拱棚的薄膜在使用几个生长季后要及时更换。随着植株的生长，田间枝叶量增加，支架、吊秧栽培时行间逐渐趋于郁闭，要严格整枝，及时打杈和打顶，使架顶叶片距棚顶薄膜有 30 ~40cm 的距离。保持充足的光照对维持叶片寿命和光合功能非常重要。

（2）肥水管理

①追肥。在施足基肥的基础上，整个生育期内一般进行 1 ~2 次追肥。追肥应根据品种类型和土壤肥力状况而定。对晚熟品种或瘠薄地，需要在伸蔓期及果实坐住后，各追一次肥。生育期较短的品种和肥力条件较好的土壤，在果实坐住后追一次肥即可。

植株伸蔓期，即吊秧或支架前后，可追一次肥，以速效氮肥为主，适当配合磷、钾肥。尿素、磷酸二铵等按 1∶1 比例，或用复合肥、硫酸铵代替磷酸二铵、尿素，每 667$m^2$ 追施 20 ~25kg，方法是距根部 10 ~15cm 挖穴施肥，施肥后随即浇水。

幼瓜长至鸡蛋大小时，果实开始迅速膨大，植株需肥量逐渐达到全生育期最高峰。此时应重施肥，促进瓜体膨大，并防止早衰。追肥以磷、钾肥为主，少施或不施氮肥，避免因氮肥过量而导致甜瓜品质下降。可每 667$m^2$ 追施磷酸二铵 15kg、硫酸钾 15kg、尿素 10kg，或追施氮、磷、钾复合肥 20 ~30kg，或开沟冲施腐熟捣细的饼肥 50 ~75kg。果实膨大期间，为防止茎叶早衰，保持叶片光合功能，可用 0.2% ~0.3% 的磷酸二氢钾，或锌、镁、硼等土壤易缺乏的中微量营养元素，叶面喷施 2 ~3 次。

②浇水。在水分管理上，定植缓苗后至伸蔓前，瓜苗需水少，地面蒸发量也小，应严格控制浇水，促进根系下扎。水分过多会影

响地温的提高和幼苗的生长，因此前期浇水量不宜过大。在缓苗后，如果地不干，可以不浇水。如果土壤过干，可以浇一次透水。以后要注意保持土壤见干见湿。伸蔓至开花前，除结合施伸蔓肥进行浇水外，仍须控制浇水，并结合通风管理等措施，防止茎叶徒长，协调好营养生长和生殖生长。开花坐瓜期不浇水，以防徒长而影响坐瓜。至膨瓜期植株需水量增大，田间蒸腾量增加，这时要求土壤水分充足，应结合施膨瓜肥浇足水，以保证果实膨大对水分的需求。浇膨瓜水后，隔 7 ~ 10d 可再浇水一次，要依土壤情况而定。网纹甜瓜品种开花后 17 ~ 20d，进入果实硬化期，果面开始形成网纹。如果网纹形成初期水分供应过多，或土壤水分剧烈变化，容易发生较粗糙的裂纹。故在网纹形成前 7d 左右，应减少水分供应，待网纹逐渐形成后，再增加水分供应。如果土壤干燥，则果面的网纹很细且不完全。生产上最好采用滴灌方式供水，保持土壤水分均衡供应。果实近成熟时（一般采收前 7d），要停止浇水，保持适当干燥，促进果实转熟并利于提高品质。因为水分多时，会使茎叶继续生长，减少养分向果实中的运输，使果实含糖量低，成熟晚，不耐贮运，还易造成裂果、烂果。在土壤黏重和地下水位高的地块，应酌情减少浇水次数和浇水量。

甜瓜的许多病害（如枯萎病、疫病等）的病原菌都很容易从地表根茎部侵入植株体，而土壤积水或大水漫灌可为病原菌的侵入提供便利条件。为防止病害的发生，浇水时不应采取漫灌的方法，最好采取膜下浇水，有条件的采取滴灌供水。每次浇水前要喷药防病，浇水后应加大棚室通风量，排出湿气。

（3）整枝、吊秧、支架、绑蔓

①整枝。甜瓜茎蔓的分枝性很强，在母蔓上可以长出子蔓，子蔓上又可长出孙蔓，依此可以连续不断地分枝。如果放任生长，往往生长过旺，甜瓜产量和品质均会下降。多数厚皮甜瓜品种的结实花着生在子蔓或孙蔓的叶腋处，而不是着生于主蔓的叶腋处，只有在早春低温条件下，极少数的品种才会在主蔓的叶腋处着生结

实花。

日光温室或大拱棚的空间相对有限，栽培密度较大。为充分利用空间，获得理想的单瓜重量和优良品质，棚室内栽培厚皮甜瓜应实行严格整枝。

整枝工作包括对母蔓、子蔓、孙蔓摘心，摘除多余侧蔓、合理留蔓、留叶、去卷须等。

整枝的首要作用是控制植株营养生长。叶片是养分的制造器官，但茎叶过多又会消耗养分，影响果实发育。通过整枝，可使植株营养体保持适宜大小，不会因茎叶过多或过少而影响甜瓜的产量和品质；其次是促进开花坐果，增加产量。根据作者以台湾厚皮甜瓜品种蜜世界为试材，对母蔓摘心的试验证明，4～5 叶摘心可以提高产量 9% 左右；再次是调节营养物质的分配。幼苗 4～5 片真叶时摘心，使营养物质及时向侧枝转移，促进侧枝发生，当结果枝上果实坐住后，及时对结果枝摘心，使营养物质输送向果实，可以防止化瓜，促进果实膨大。

厚皮甜瓜的整枝方式很多，应结合品种特点、栽培方法、土壤肥力、留瓜多少而定。日光温室、大拱棚厚皮甜瓜常用的整枝方式主要有单蔓整枝和双蔓整枝（图 10）。

单蔓整枝：以母蔓为主蔓，主蔓不摘心，利用主蔓上 10～14 节长出的子蔓坐瓜，有雌花的子蔓留 1～2 片叶摘心，母蔓长到 25～30 片叶时打顶，将植株上长出的其他子蔓全部抹去。生产上单蔓整枝还可用换头整枝的方法，即母蔓长出 4～5 片真叶时摘心，促发子蔓，在基部选留 1 条健壮的子蔓，将其余的子蔓去掉，利用子蔓 10～14 节位上生出的孙蔓上的雌花均授粉坐瓜。有结实花的孙蔓留 1～2 片叶摘心，子蔓长到 25～27 片叶时打顶，其余不结瓜的孙蔓全部抹去。

双蔓整枝：母蔓 4～5 片真叶时摘心，促发子蔓，从中选择长势好、部位适宜的两条子蔓留下，让其生长，抹去其余子蔓。选择子蔓第 10～14 节位上的孙蔓坐瓜，有雌花的孙蔓留 1～2 片叶摘心，每条子蔓生长到20片叶左右时打顶。

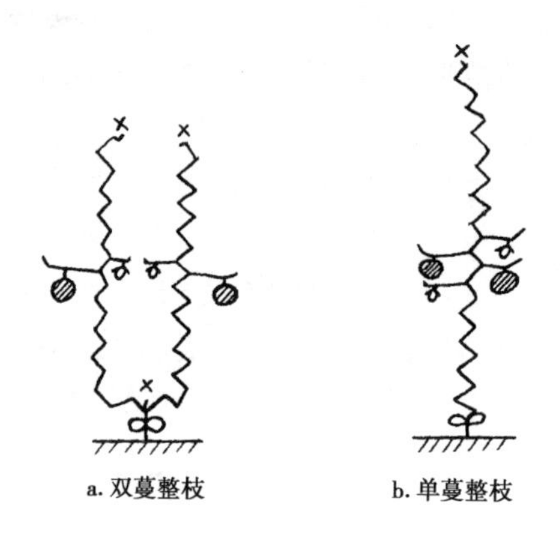


**图10　厚皮甜瓜的整枝方式**

无论采取哪种方式，整枝时都应注意下列问题：

一是整枝要使茎叶合理、均匀地分布，防止茎叶郁闭，以充分利用土地和太阳光能。

二是茎蔓旺盛生长期要及时整枝和理蔓，子蔓伸长至果实迅速膨大是茎蔓旺盛生长期。一天内茎蔓的生长量可达9～14cm，其中，白天的生长量占总生长量的60%～70%。生长最快时，白天伸长10cm，夜间伸长5cm。在茎蔓迅速伸长期要及时整枝，坐瓜后及时摘心，促进坐瓜和果实生长。

三是防止感染。整枝要在晴天上午10时后进行，阴雨天或早上整枝由于棚室内湿度大，茎蔓伤口不易愈合，易感染发病。另外，早上茎蔓较脆，易折断，整枝时易使其他茎蔓受到损伤。整枝最好用剪刀，并且准备一块浸有75%百菌清200倍液等药剂的湿润药巾，剪完一株擦一次剪刀，以防交叉感染。整枝时剪下的茎叶应随时带出瓜地。

四是整枝要保证果实膨大和成熟期有较多的功能叶。叶片是制造营养的器官，甜瓜叶片在日龄30d左右时制造的营养物质最多，供给植株其他部分的营养物质也最多，这时的叶片为壮龄叶或功能叶。果实膨大时，功能叶越多，则供给果实的养分越多。

五是侧蔓摘心不可过早。因为植株根系的生长依赖于叶片营养的供给，适当晚去侧枝，可促进根系发育。生产上可在侧枝长到4～5cm时摘心。

六是整枝应掌握前紧后松的原则。前期（尤其坐住瓜以前）要及时抹去不必要的侧枝，防止营养生长过旺而影响坐瓜。进入果实膨大后期，可酌情疏蔓，侧蔓的去留以不遮光为准。

②吊秧。一般在蔓长30～40cm时进行吊秧。日光温室厚皮甜瓜吊秧时，可在后立柱上距地面2～2.2m处东西向固定一根10号铁丝，在前立柱近顶端东西向也固定一根10号铁丝，再按栽培行方向（南北向）每行固定一根16～18号铁丝，两端分别系在前、后立柱的铁丝上。用尼龙绳或塑料绳作吊绳，吊绳下端可以系住植株底部，上端系在上部顺行的铁丝上。

大拱棚吊秧时，固定铁丝、尼龙绳等的方法可参考日光温室的固定方法。一般蔓长30～40cm时就应吊秧。

③支架。因为竹竿与尼龙绳等相比有不易摆动、容易吊瓜，并可防止落瓜等优点，所以棚室甜瓜栽培中可用竹竿作支架。一般选用拇指粗的竹竿，长度根据棚室的高度，一般为2.2～2.5m。在甜瓜甩蔓前进行插架，架式可选用立架。在植株基部距离10cm左右，顺瓜行方向，每植株插一竹竿，要求插牢、插直立，使每一行立竿成一直线。在立竿上距地面30cm左右处及在距竹竿顶端20cm处各水平横向固定一根竹竿，或将竹竿顶端固定到沿定植行拉的铁丝上，则竹竿顶端就不必再横向绑竹竿。如果不用行间铁丝固定，则在与瓜行垂直方向上，再用竹竿作拉杆把各排立竿连成一体，拉杆固定在靠立竿顶端的一道横竿上，并可将各排立竿的横竿牢系在棚室骨架上，这样可防止甜瓜果实长成后造成竹竿倾斜或倒塌。

④绑蔓。甜瓜茎蔓藤性，不能直立。吊秧或支架后，须将茎蔓缠到吊绳或绑到支架上。吊秧栽培的，将瓜蔓和吊绳对缠，并随着

植株生长，适时将茎蔓缠好。支架栽培的，蔓长达到 30 ~ 40cm 时，将瓜蔓引向立竿，用“8”字形绳扣将茎蔓绑到立竿上。绑完第一道蔓后，随着瓜蔓的生长，呈小弯曲形向上引蔓绑蔓，同时注意使各蔓的弯曲方向一致，上下两道绑蔓间隔 30cm 左右，直绑到架顶。绑蔓和整枝工作可结合进行。绑蔓时注意不可将嫩茎、叶片、雌花、果实等折断，并注意理蔓，使叶片、瓜等在空间能合理分布。

（4）促进坐瓜、留瓜、吊瓜

①促进坐瓜。生产上促进坐瓜的方法主要有人工授粉、生长调节剂处理、蜜蜂授粉等，这里主要介绍人工授粉和生长调节剂处理方法。

人工授粉：甜瓜植株上，雄花先开，雌花(实际上是完全花或结实花)后开。甜瓜开花的温度为 18℃以上，最适宜开花的气温为 20 ~ 21℃，开花后两小时内柱头、花粉的生活力最强，授粉坐果率最高。当开花时夜温低于 15℃或遇连阴雨天时，则会影响授粉受精，严重时会造成落花、落果。甜瓜的花为虫媒花，蜜蜂、蓟马等均可传粉。但由于早春气温低，棚室内活动昆虫很少，只有采取促进坐瓜的措施，坐瓜才有保证。人工授粉一般在上午 8 ~ 10 时进行，阴天可推迟。在预留节位的雌花开放时，取当日开放的雄花，去掉花瓣，向雌花柱头上轻轻涂抹。若雄花不足，一朵雄花可授 3 ~ 4 朵雌花。授粉后的雌花，最好挂牌标明授粉日期，以便确定适宜的成熟期。

生长调节剂处理：甜瓜在开花期遇低温阴雨天气时，授粉受精不良，不易坐瓜。根据有关研究，使用坐瓜灵、吲哚乙酸（IAA）、吲哚丁酸（IBA）、苄基腺嘌呤（BA）等生长调节剂均可提高坐果率。目前最常用的是坐瓜灵处理。坐瓜灵处理可在雌花开放当天或开花前 1 ~ 2d 内进行，处理时间较长，处理后 6h 之内没有雨水冲刷，坐果率可达到 98% 以上。坐瓜灵使用浓度为 200 ~ 400 倍液。使用方法有两种：一种是喷洒法，在当天开花的雌花或开花前 1d

的雌花上，将坐瓜灵可湿性粉剂稀释好，用微型喷壶对着瓜胎逐个充分均匀喷施；另一种方法是涂抹法，用毛笔浸蘸坐瓜灵药液均匀涂抹瓜柄。使用坐瓜灵一定要注意：一是使用时应随用随配，不可久置；二是喷、涂药一定要均匀，以免出现歪瓜，且不可重复过量喷施；三是用后要加强肥水管理。

②留瓜。及时合理地进行选瓜、留瓜是厚皮甜瓜栽培的一项重要措施。选瓜留瓜关键是确定合理的留瓜节位、留瓜数量和留瓜方法。

留瓜节位：留瓜节位的高低，直接影响果实的大小、产量的高低及成熟的早晚等。如果坐瓜节位低，则植株下部叶片少，果实发育前期养分供应不足，是果实纵向生长受到限制，而发育后期果实膨大较快，因此果实小而扁平。在营养体小时坐瓜，会发生坠秧现象，使植株生长中心过早向果实转变，茎叶生长受到限制，影响产量和品质。如果坐瓜节位过高，则瓜以下叶片数多、上部叶片少，有利于果实初期的纵向生长，而后期横向生长则因营养不足而膨大不良，出现长形的果实。因此在茎蔓中部留瓜，果实发育最好。生产实践证明，棚室栽培厚皮甜瓜的适宜留瓜节位为第 10 ~ 14 节，坐瓜节位以上留 10 ~ 15 片叶。坐瓜节位以上留叶少时，果实早熟，但果实小。

留瓜数量：留瓜数量应根据品种、整枝方式、栽培密度等条件而定。早熟品种可多留瓜。单蔓整枝少留瓜，双蔓整枝多留瓜。栽培密度大时少留瓜，密度小时多留瓜。以伊丽莎白品种的试验证明，留瓜个数越多，叶果比越小，单瓜重越小，总产量越高（表 17）。

生产上，小果型品种（单瓜重小于 0.75kg）进行双蔓整枝时，一般每株留 2 ~ 3 个瓜，单蔓整枝每株留 2 个瓜。晚熟大果型品种（单瓜重大于 0.75kg）单蔓整枝时，一般每株留 1 个瓜。留瓜数与果实产量、品质等关系密切。留瓜数增多时，一般产量可提高，但往往果实变小，含糖量下降，商品率降低，而且容易发生坠秧现象，造成植株早衰。冬春茬厚皮甜瓜栽培，适宜的生长时间较短，

**表 17　留瓜个数对厚皮甜瓜果重及叶面积的影响**

| 留瓜个数 | 单株果重 (g) | 单瓜重 (g) | 单株叶面积 ($cm^2$) | 叶果比 ($g/cm^2$) |
|---|---|---|---|---|
| 1 | 510.0 | 510.0 | 5 491.7 | 10.77 |
| 2 | 812.5 | 406.3 | 5 052.7 | 6.22 |
| 3 | 1 135.0 | 378.3 | 4 756.1 | 4.19 |

注：品种为伊丽莎白；27 节打顶；单瓜留在 13 节；双瓜分别留在 12、13 节，三瓜分别留在 12、13、14 节

后期昼夜温差不足，影响果实含糖量和风味，故应使甜瓜尽早成熟，留瓜过多则会延长成熟期。实践证明，适当增加栽培密度，单株少留瓜是实现早熟、优质和高产的有效方法，不能片面追求高产而忽视果实的商品质量。瓜农在日光温室栽培厚皮甜瓜中，总结出了双层留瓜、提高总产量的方法。即单蔓整枝时在子蔓第 10 ~ 14 节和 20 ~ 22 节各留一层瓜，每层留瓜 1 ~ 2 个。双蔓整枝，在每条子蔓的 10 ~ 14 节选留 1 个瓜。

整枝方式及留瓜数量对产量的影响很大，根据作者以鲁厚甜 2 号进行的试验（表 18），单瓜重以双蔓单瓜处理最高，其次是单蔓单瓜，双蔓双瓜最低；产量比较，以双蔓双瓜产量最高，其次是双蔓单瓜，单蔓单瓜最低。

留瓜方法：当幼瓜长到鸡蛋大小是进行留瓜。留瓜过晚，则会使植株消耗大量的养分；留瓜过早，则难以判断瓜是否坐住或幼瓜的优劣。应选留发育周正、颜色鲜亮、果形稍长、果柄粗壮的幼

**表 18　不同整枝留瓜方式对果实大小的影响**

| 处理 | 单瓜重（kg） | 单株产量（kg） |
|---|---|---|
| 双蔓单瓜 | 1.231 | 1.231 |
| 双蔓双瓜 | 0.932 | 1.864 |
| 单蔓单瓜 | 1.19 | 1.19 |

瓜，将畸形果，小果剔除。采用单蔓整枝留2个瓜时，一般选留主蔓上相近两个节位的瓜，而且位于主蔓左右两侧。双蔓整枝留2个瓜时，每条蔓上留1个瓜，所留的2个瓜最好在相同节位上，以防长成的果实一大一小。留瓜后将未被选中的瓜全部摘除。

③吊瓜。在幼瓜长到0.5kg以前，应当及时吊瓜。吊瓜的作用，一是防止果实长大后脱落；二是可使植株茎叶与果实在空间合理分布；三是防止甜瓜果实直接接触地面，造成瓜体污染或感病；四是使果面颜色均匀一致，提高商品质量。

吊瓜的方法是，用塑料网兜将瓜吊起，或用塑料绳直接拴在果柄近果实部位，将瓜吊起，将网兜或塑料绳的上端系到棚室上部的铁丝上或竹竿支架的横竿上。吊瓜的高度与瓜的着生节位要保持相平或稍高一些，以免瓜大坠秧。吊瓜的方向、高度要尽量一致，以便于操作管理。

### 6. 收获

厚皮甜瓜的收获期比较严格，若采收过早，则果实含糖量低，香味差，有的甚至有苦味。采收过晚，则果肉组织分解变绵软，品质、风味下降，甚至果肉发酵，风味变差，不耐贮运。只有适时采收，才能保证商品瓜的质量。外运远销的商品瓜，应于正常成熟前3～4d采收，这时果实硬度高，耐贮运性好，在运输中可达到完全成熟。要做到适时采收，首先要能判断果实是否成熟，判断成熟常见标准如下。

第一，计算雌花开放到成熟的天数。不同熟性的品种从开花到果实成熟所历经的天数不同。对每个雌花都标记上开花的日期，到接近成熟期时，计算一下每个瓜自开花至今的天数是否达到了成熟所需天数，若达到了所需天数，一般可接近成熟或达到成熟。早熟品种一般需要35～40d，中晚熟品种一般需要40～50d，个别特大果品种甚至需要60d以上。温度高、光照足，可提早成熟3～4d；阴雨低温，会延迟成熟3～4d。

第二，根据外观判断。如果实长到其应有的大小，果皮颜色充分变深（深色果实）或变浅（浅色果实），或充分褪绿转色（转色果实）；无网纹品种的果实表面光滑发亮，果柄附近茸毛脱落，在果柄的着生处形成有透明感的离层，果实蒂部有时会形成环状裂纹；网纹甜瓜果面上的网纹清晰、干燥、色深；瓜柄发黄或自行脱落（落蒂品种）；着瓜节的叶片叶肉部分呈失绿斑驳状，坐果节位的卷须干枯等。

第三，根据手感判断。成熟果实脐部变软，用手指轻按脐部时会感到明显弹性；用手掂瓜，同样大小的瓜，手感轻者的成熟度好，手感重者的成熟度相对比较差。

第四、根据香气判断。对有香气的品种，成熟瓜能够散发出很浓的芳香气味，不成熟的瓜不散发出香味，或香味很淡。

采收厚皮甜瓜宜于早上或傍晚进行。此时温度低，瓜耐贮放，不易染病和发酵。采瓜时，多将果柄带秧叶剪成“T”字形，以便后熟，防止果实失水和病菌侵入危害，可延长货架期。采摘时要轻拿轻放，避免磕碰挤压。对于暂时不外运出销售的瓜，应放置在遮阴、通风、干燥、温度较低的室内保存。对于外运远销的瓜，要随即包瓜装箱，装瓜的纸箱要开几个通气孔，装上干燥剂（如生石灰包），以降低箱内空气湿度。厚皮甜瓜适宜贮藏的温度为4～5℃，空气相对湿度为70%～80%。

## （二）厚皮甜瓜日光温室、大棚秋延迟及秋冬茬栽培

厚皮甜瓜秋延迟栽培是指7月中、下旬播种育苗，11月上、中旬收获的一茬厚皮甜瓜。秋冬茬栽培一般是指在8月上、中旬播种育苗，11月中旬至12月上旬收获的一茬厚皮甜瓜。秋延迟、秋冬茬厚皮甜瓜栽培难度较大，因为生长前期温度高，后期温度日趋降低，光照日渐减弱，而厚皮甜瓜的膨大、成熟期要求较高的温

度、较强的光照。

### 1. 品种选择

棚室秋冬茬、秋延迟厚皮甜瓜栽培，由于育苗期及生长前期温度过高，蚜虫多，植株易感染病毒病。果实膨大后期，气温日渐下降，如果天气晴朗，白天温度仍能满足果实膨大的要求。但在阴天，特别是夜间，温度偏低，影响果实膨大。秋冬茬甜瓜的主要供应期为新年至春节，贮藏期长。根据这种情况，要求品种一方面要具有较抗病毒病等病害的特点，另一方面在生育后期对偏低的温度和偏弱的光照有一定的适应性，也就是说，在较低温和较弱光下果实能正常膨大。同时还要求在果实基本成熟后有良好的耐贮性。据试验，秋冬茬栽培较适宜的品种有伊丽莎白、鲁厚甜 1 号、西州蜜 25 号、白雪公主、秋华二号等。

### 2. 育苗或直播

秋延迟、秋冬茬甜瓜生长期正处于由高温高湿向低温寡照过渡的阶段，适宜甜瓜结果生长的温度段较窄，因此播种期也较严格。在山东各地及附近地区，日光温室、大拱棚秋延迟栽培一般在 7 月中、下旬播种育苗。秋冬茬栽培一般在 8 月上、中旬播种育苗。

秋延迟、秋冬茬育苗正值夏秋季，温度高、降雨多，病虫发生严重是这一季节的基本特点。因此必须采取综合措施，育苗过程中重点抓好遮阴、降温、防雨、防虫等工作。为防止雨涝，在地势高燥、通风良好的地方建造育苗床。具体育苗方法参照本书“夏季育苗技术”部分。

秋延迟栽培也可直播，直播可减少伤根，病毒病轻。直播苗因为没有移栽缓苗阶段，因此播种期可较育苗晚 4 ~5d。直播的甜瓜苗期也要注意遮阴、降温、防雨。直播时要求要将土壤整细，先挖穴，在穴内浇水，每穴内播发芽种子 2 ~3 粒。种子在穴内分散放置，以便于出苗后间苗或移栽。水渗下后，在种子上面覆土

1.5～2cm。

### 3. 定植前准备

（1）整地　秋延迟、秋冬茬栽培，为保证前期防止雨涝，地块要求地势高，排水良好，并最好采取垄作。一般垄高应比周围地平面高出15cm以上。秋冬茬栽培的整地、作畦和施肥方法可参考冬春茬栽培。

（2）施肥、作畦　定植前10～15d，棚室内底墒不足的，要先浇水造墒，然后深翻，耙细，整平。结合整地每667$m^2$使用腐熟圈肥4 000～5 000kg（或腐熟鸡粪2 000kg）、过磷酸钙50kg、氮磷钾复合肥50kg（或磷酸二铵50kg、硫酸钾20kg）。基肥中的圈肥、鸡粪等一定要充分腐熟，否则容易烧苗。按小行距65～70cm，大行距80～85cm的不等行距做成马鞍形垄，宽垄垄底至垄面高度为25～30cm，窄垄垄底至垄面高度为15cm。

（3）盖棚膜按隔离网　厚皮甜瓜生长过程中怕雨淋，雨淋后不仅容易伤害茎叶，还极易发生病害，因此，秋延迟、秋冬茬栽培在定植前棚室要事先上好棚膜。此时盖膜后棚室内的温度高，尤其是有后墙的日光温室温度更高，因此与春季盖棚膜不同的是，盖膜后要将所有通风口打开，保持大通风，防止棚室内温度过高。日光温室扣膜后，可将棚前沿的一幅薄膜卷起，并打开顶部通风口；大拱棚扣膜后，可将大拱棚两侧裙膜卷起。因前期虫害较重，在通风口处应安装40目的尼龙纱网或防虫网，以防蚜虫、棉铃虫、美洲斑潜蝇等多种害虫的危害，同时可避免蚜虫等害虫传播病毒病。

### 4. 定植

（1）定植期与定植方法　播种后15～20d，秧苗有2叶1心时即可定植。秋延迟、秋冬茬厚皮甜瓜不宜定植过早，否则幼苗易遭受病虫危害，尤其是容易由于蚜虫等害虫传播而感染病毒病，使植株生长不良，难以坐果和取得高产；定植过晚，苗子大，移栽时伤根重，缓苗期长。

选择晴天下午或阴天定植。此时气温高，地面蒸发量大，因此，此期的甜瓜定植方法与早春茬不同，一般采取明水定植方法，即在高垄或高畦上，按45～50cm挖穴，将苗坨放入穴内，埋土封穴，然后在两垄间或高畦内浇水，浇透浇匀。这种方法浇水量大，适用于厚皮甜瓜初秋种植时采用。

（2）*定植密度*　一般棚室秋延迟、秋冬茬栽培，厚皮甜瓜生长速度快，叶片大，定植密度应比早春栽培密度小，早熟品种每667$m^2$可种植1 800～2 000株；而晚熟品种每667$m^2$种植1 500～1 700株为宜。

（3）*覆盖地膜*　秋延迟及秋冬茬厚皮甜瓜覆盖地膜，其主要作用是减少水分蒸发，防止土壤板结，同时可以抑制杂草生长。地膜的种类较多，该茬覆盖地膜以银灰色地膜为好，这样既能保墒，又能驱蚜防病。

从盖地膜时机上主要分两类，一类是先定植后盖膜，在栽植后先划锄2～3遍，然后再覆盖地膜。盖地膜时边铺膜边掏苗，掏苗时注意勿使幼苗受伤。另一类是先盖膜后定植。定植前7～10d，整平垄面或畦面，覆盖地膜。定植时用移植铲挖定植穴，或用钻孔器在定植位置上钻定植孔，然后栽苗。

**5. 定植后的管理**

（1）*温、湿度管理和光照调节*　在山东及北方地区，9月中旬前，通风口应开到最大，并昼夜开放，通过延长通风时间和增大通风量的方法，降低温度。到9月下旬天气转凉时，夜间应将所有棚膜盖好。10月上旬，随着外界气温逐渐降低，通风口应逐渐调小，保持白天气温27～30℃，夜间15℃。当夜间棚室气温低于15℃时，应考虑盖上草苫。大拱棚可在棚外底部围盖草苫。进入11月份，天气转凉，时有寒流侵袭，应注意加强覆盖。夜间棚温不可低于13℃。

进入秋末冬初，光照逐渐减弱，应采取措施，改善棚室内的光照条件。经常清扫塑料薄膜表面的灰尘、碎草等。连阴天时，只要棚室内温度不很低，仍要揭开草苫，增加散射光。进入冬季低温期后，每天仍要坚持通风，为防止剧烈降温，可利用中午前后通风，不可连续多日密封棚室不通风，以促进棚室内与外界气体的交换，可以降低棚室内的湿度，减少有害气体危害，减少发病。

（2）肥水管理　可在伸蔓期追施一次速效氮肥，可每 667m$^2$ 施尿素 10～15kg、磷酸二铵 10～15kg，随即浇水。幼瓜鸡蛋大小时，进入膨瓜期，可每 667m$^2$ 追施硫酸钾 10kg、磷酸二铵 15～20kg，随水冲施。除施用速效化肥外，也可在膨瓜期随水冲施腐熟的鸡粪、豆饼等，每 667m$^2$ 施用 250kg。果实坐住后可叶面喷施 0.3% 的磷酸二氢钾。

定植缓苗后，根据土壤墒情，在伸蔓期（蔓长 30cm 左右）、瓜坐住后及膨瓜期，各浇一次水。前期适当控制水分，防止茎叶徒长。膨瓜期水分要充足，促进果实的膨大。果实将近成熟时要严格控制水分，以免影响品质。网纹甜瓜在网纹形成期不宜浇水，以防裂瓜和形成粗劣网纹。

（3）整枝、授粉、留瓜　秋延迟和秋冬茬栽培厚皮甜瓜，植株伸蔓期生长快，易徒长，及时授粉坐瓜才能控制植株营养生长过旺。一般采用单蔓整枝。小果型品种，每株留 2 个果，大果型品种每株留 1 个果。留瓜节位一般在 10～14 节。开花期需进行人工授粉（或坐瓜灵处理），授粉时间为上午 8～10 时。

**6. 防治病虫害**

秋延迟、秋冬茬栽培的甜瓜，容易遭受各种病虫危害。前期遇高温干旱极易感染病毒病，植株茎叶生长畸形，失去坐果能力；而在高温、高湿情况下，则容易感染霜霉病等真菌性病害；多雨天气下容易感染炭疽病等病害；还容易发生红蜘蛛、蚜虫等害虫。对各种病虫害的防治，应预防为主，加强管理。除适时整枝打杈，合理施肥、浇水外，一旦发现病虫害，即应及时进行防治。具体防治方法参见“病虫害防治”部分。

**7. 采收**

秋延迟、秋冬茬栽培甜瓜，在棚室内温度、湿度、光照等条件尚不致使果实受寒害的前提下，可适当晚采收，以推迟上市时间，获得较好的经济效益。如果能延长至元旦、春节前上市，则效益更高。因此时天气较冷，棚室气温不高，瓜的成熟速度较慢，成熟瓜在瓜秧上延迟数天收获，一般不会影响品质，但夜间气温低于5℃易发生寒害或冻害，应考虑提前采收。

## （三）薄皮甜瓜日光温室、大棚冬春茬栽培技术

薄皮甜瓜适应性强，易栽培。过去主要进行露地栽培或地膜覆盖栽培。随着设施栽培的发展，薄皮甜瓜利用塑料大拱棚、日光温室栽培的面积不断扩大。日光温室、大拱棚栽培表现出了早熟、经济效益高的显著优势。

**1. 选择品种**

冬春茬栽培必须选用早熟、耐寒、抗病、糖度高、风味好的品种。当前山东薄皮甜瓜生产上常用的品种主要有青州银瓜、景甜5号、甜宝、羊角蜜、景甜208、冰糖子、极品早雪等。

**2. 培育壮苗**

北方日光温室一般在1月中旬播种育苗，2月中、下旬定植，4月中旬可采收。大拱棚一般在2月中、下旬育苗，3月下旬定植，5月下旬采收。

薄皮甜瓜的壮苗标准是：叶色翠绿；茎粗壮，节间短；须根发

达，无病虫，苗龄约35d，3～4片真叶。有条件的地区可以直接购买集约化育苗工厂培育的壮苗。

营养土配制、种子处理、播种及苗期温度水分管理等技术可参考本书“冬春季育苗技术”。随着连作土壤种植甜瓜病害的加重，许多地区开始采用嫁接苗进行嫁接栽培。

### 3. 定植

薄皮甜瓜的根系较发达，入土较深，要求耕层深厚、肥沃、疏松。日光温室和大拱棚内多采用高垄定植，以利于地膜覆盖和提高地温。每667$m^2$需施用腐熟的有机肥4 000～5 000kg、硫酸钾型氮磷钾复合肥80～100kg、饼肥150kg（或煮熟的黄豆或麻籽40～50kg）。将基肥的2/3在深翻时撒入土壤中。整平地面后，按畦宽1.5～2m做成高畦，每畦种植两行。在畦内撒施剩余的基肥，并与土混匀，然后做成底宽40cm、顶宽20cm、高15cm的高垄。

日光温室、大拱棚定植前15～20d整地扣棚，并搭设小拱棚，烤地提高地温。

选择晴天，在垄上挖穴，按穴距40cm左右栽苗，浇足水。然后封穴，整平垄面，覆盖地膜。

### 4. 定植后的管理

（1）温湿度控制　甜瓜不同生长阶段对温度的要求不同，缓苗阶段要求较高的温度，保持白天气温28～32℃，夜间不低于14℃，故此期要封严塑料薄膜，尽力提高棚室内的气温和地温，以促进甜瓜植株根系的下扎和缓苗。定植后若遇寒流天气，需加强保温，可在棚室内覆盖小拱棚，必要时夜间要覆盖草苫，防止冻苗。缓苗后，适当通风降温，以白天25～30℃，夜间15～18℃为宜。坐瓜后可适当提高棚室温度，白天气温保持28～32℃，气温达到30℃进行放风，午后低于28℃就要盖棚室，关闭通风口。夜间15～20℃。随着温度的升高，棚室内的温度管理措施要以通风为主，防止高温伤苗和瓜秧早衰。

薄皮甜瓜要求较低的空气湿度，相对湿度以 50% ~60% 为宜，如果长期高于 70%，则易发生病害。因此，栽培上要采取地膜覆盖，膜下浇暗水，并经常通风降湿。

（2）追肥浇水　定植缓苗后，植株进入伸蔓期，要及时浇水和追肥，结合浇水每 $667m^2$ 施用尿素 10kg，雌花开花前后应控制浇水，适当蹲苗，以利坐瓜。当大部分植株已有两个瓜坐住时，可开始浇大水，结合浇水每 $667m^2$ 施用磷酸二铵 20kg。盛瓜期可 $667m^2$ 追施氮、磷、钾复合肥 30kg 左右，随即浇水。结瓜期还可结合喷药叶面追肥 2 ~3 次，花期可喷洒 0.1% 的硼砂，以利坐果。

（3）整枝方法　薄皮甜瓜生育过程需整枝摘心，以利于平衡营养生长与生殖生长，促进结果和高产优质。整枝方法与留果数量应结合品种习性、栽培方式而定。主要有吊蔓和爬地栽培两种方式。

①吊蔓栽培。该方法更适合于以子蔓结瓜为主的品种。薄皮甜瓜栽培的平均行距 75cm，株距 45cm。单蔓整枝，当主蔓长出 6 ~7 片叶时，每株用一根绳固定在上面的铁丝上，下绑 10cm 长木棍插入地下，将绳拉紧，把瓜蔓缠绕在绳上。先将主蔓 1 ~3 节着生的子蔓摘掉，主蔓 4 ~8 节着生的子蔓作为结果枝，留 2 叶及早摘心，结瓜后选留瓜柄粗、瓜形正的果实 3 ~4 个。主蔓其余各节着生的子蔓尽早抹掉。主蔓大约 25 ~27 节，秧蔓达到棚顶时打顶。主蔓上靠近顶部留 3 ~4 个子蔓作为二次结果枝，也留 2 叶摘心，留果 2 ~3 个。每株上、下两茬瓜，结瓜 6 ~7 个。此法栽培密度大、产量高。需要注意的是，该方法适于以子蔓结瓜为主的品种，但如果误种了子蔓雌花少的品种，必须将未结果节位的子蔓留 2 叶摘心，促发孙蔓，孙蔓留 1 ~2 叶摘心留瓜，其他管理相同。

②爬地栽培。整地施肥后做成高畦，畦宽 1.5 ~2m。每畦栽培两行，平均行距 100cm，株距 33cm 左右。一般在主蔓有 4 ~5 片叶时摘心，子蔓长出后，每株可留子蔓 2 ~3 条，每条子蔓留 3 叶摘

心，每个子蔓上留两个孙蔓坐瓜，坐瓜后留2叶摘心。这样每株留4~6个瓜。除掉其余的子蔓和孙蔓，以免消耗养分。爬地栽培既适合于子蔓结瓜品种，也适合于孙蔓结瓜为主的品种。

薄皮甜瓜整枝时还要注意以下问题：

第一，薄皮甜瓜雌花一般着生在子蔓、孙蔓和玄孙蔓的第一节或第二节上，其他节位上着生雄花。应特别注意的是每条瓜蔓上1~2节上若无雌花或未坐住瓜，以后不管该蔓再长多长，一般都不会再结瓜，因此必须及时对该瓜蔓摘心。

第二，坐瓜蔓授粉后保留适当叶片摘心，促进坐瓜和果实生长，同时要注意摘除无瓜蔓，整枝要把瓜蔓方向摆布均匀，尽量不要相互重叠，以免影响叶片光合作用。

第三，叶片是制造营养的器官，甜瓜叶片在日龄30天左右时制造的营养物质最多，供给植株其他部分的营养物质也最多，这时的叶片为功能叶。果实膨大时，功能叶越多，则供给果实的养分越多。整枝时要保证果实膨大和成熟期有足够的功能叶片，一般一个瓜要保留6~8片功能叶片才能供给果实的营养需要。

第四，不要在阴雨天整枝，因为阴雨天伤口愈合慢，有利于病原菌的侵染。整枝后要及时喷药，防止病害的发生。

(4) 授粉与翻瓜　薄皮甜瓜早春栽培，在植株雌花开放时常因低温昆虫活动少等因素影响坐瓜，为此需要进行人工授粉。方法是每天上午8~10时，摘下当日开放的雄花，将雄花花瓣（花冠）摘除，露出雄蕊，在雌花的柱头上轻轻碰几下即可，操作时动作要轻，防止碰伤柱头，也可用毛笔尖沾雄花，再将所沾的花粉授到雌花柱头上。授粉期阴雨天多时，也可用坐瓜灵（使用浓度为200~400倍液）喷花或涂抹花柄。授粉后做好标记，以便判断成熟期。

爬地栽培的甜瓜，在瓜坐住后可在瓜下垫草，以保持瓜面洁净，减少烂瓜，同时选择晴天翻瓜，以使瓜色均匀，提高商品性。

**5. 病虫害防治**

薄皮甜瓜早春设施栽培易发生霜霉病、炭疽病、叶枯病、细菌性角斑病等，害虫主要有蚜虫、美洲斑潜蝇等。防治方法可参考本书“甜瓜病虫害及其防治”部分。

**6. 采收**

薄皮甜瓜皮薄质脆，不耐运输，一般需在9成熟时采收。采收应以开花到成熟所需天数为基本标准，而天数又因品种而异，一般需28~35d。同时可结合品种成熟时的典型特征，如色泽有无变化，香味的有无等，来判断是否成熟。

## （四）薄皮甜瓜小拱棚早春栽培

小拱棚覆盖是以小型拱棚覆盖塑料薄膜为主的保护设施。甜瓜植株在覆膜条件下生长，因其保温、防雨，为甜瓜生育创造了适宜的温光条件，易取得早熟、丰产效果。小拱棚与大拱棚、日光温室相比，一次性投资少，管理简便，每年可以轮作换地，避免连作障碍。小拱棚覆盖栽培是薄皮甜瓜早熟栽培的主要方式之一，在我国南北方普遍应用。

**1. 整地施肥**

（1）选地　小拱棚覆盖栽培，以早熟为主要目标，因此，以选择背风向阳，地势高燥，排灌方便，土层深厚肥沃、疏松的沙壤土地块为好。同时，最好选用3~5年内未种过甜瓜的地块。在水稻种植区，农民习惯在小拱棚甜瓜后茬种植水稻，实行瓜、稻轮作，一定程度上解决了重茬地病虫害加重的问题。在连年进行小拱棚甜瓜栽培的地区，土地轮作换茬又比较困难，可采用嫁接栽培方式。

（2）整地、施肥　用作小拱棚栽培的地块，应当在冬前深耕25～30cm，进行晒垡和加深熟化深层土壤。最好将瓜行内13～16cm深的表土，取出放在两边，再向下深挖13～16cm，将土翻在沟内，使其在冬季晒垡，加厚活土层。为节省劳力，在大面积种植的情况下，也可用机械冬前深耕25～30cm，春季再整平作高畦。高畦龟背形，宽度根据栽植方式而定，畦高25cm左右，畦面上定植1行或2行甜瓜。

底肥以腐熟的有机肥等迟效性肥料为主，配合适量的化肥，并注意增施磷、钾肥，氮肥用量不要过多。一般每667$m^2$施优质圈肥（或土杂肥）3 000kg以上，氮磷钾复合肥40～50kg、尿素10kg、硫酸钾10kg。为防止病害发生，整地时每667$m^2$用50%多菌灵可湿性粉剂1.5～2kg。

底肥施用方法主要有3种：一是沿甜瓜栽植行开深沟集中施肥。为防止由于施肥过于集中造成烧根，或在小拱棚内积聚有害气体伤苗，可将底肥总量的30%～40%施在20cm以上的土层中，将其余60%～70%施在20cm以下的深土层中；第二种方法是全面施肥，即将底肥全园撒施，并翻入土层中混匀；第三种方法是将一部分底肥（全部化肥和部分有机肥混合）全面撒施，耕翻入土中。平整地面后，再在甜瓜栽植行开沟（深30～40cm），集中深施其余的有机肥。上述施肥方法中以第三种最好，应用也较普遍。

整地作畦时还要注意挖好配套沟系，以便雨后及时排水。

**2. 培育壮苗**

小拱棚的适宜播期要根据定植期和苗龄来决定。华北各地的定植期一般为当地终霜前30d左右，加上育苗期35～40d，育苗期应在终霜前60d左右。为保证培育出适宜的优质壮苗，最好采用温床育苗方式，并采用营养土块或专用育苗基质育苗。具体育苗技术参照本书“冬春季育苗技术”部分。

定植前逐渐锻炼幼苗（即炼苗）。因幼苗定植于小拱棚，小拱棚的环境条件不如大拱棚，更不如日光温室。定植前5～7d逐渐降低育苗场所内的温度，控制水分，停止加温，逐渐加大通风和撤除覆盖的草帘，到定植前3～4d使育苗场所内的温度接近小拱棚内的温度条件。炼苗不仅可以提高幼苗对不良环境的抵抗能力，使幼苗抗寒力和耐旱力增强，可忍耐一般低温。而且，经过锻炼的幼苗定植后缓苗快，发棵早。

**3. 定植**

（1）定植期　小拱棚覆盖栽培是以早熟为主要目的，因此，应育大苗（3～4片叶）和早定植。当小拱棚内地温稳定在15℃以上，即为安全定植期。在早春气温不稳定，经常出现寒流，应避开最后一次强寒流。小拱棚覆盖栽培一般可比露地适宜定植期提早20d左右。秧苗的苗龄为30～40d，过大则成为老化苗，定植后不易缓苗。

（2）定植方式　为节省和充分利用保护设施，使植株蔓叶能在覆盖条件下均匀分布并方便管理，必须合理安排甜瓜植株的分布，目前生产上有单行和双行栽植方式。

单行栽植：即在拱棚内瓜畦中央顺畦向栽一行薄皮甜瓜。这种方式植株分布均匀，并且可以使瓜苗栽植后处于良好的温度和光照条件下，有利于植株的生长，也便于理蔓整枝等管理作业。土壤耕翻施肥后整成高畦，高畦间距为90cm左右，畦面宽60cm，定植株距33～35cm左右。

双行栽植：即在同一小拱棚内畦面上栽两行甜瓜。土壤耕翻施肥后整成高畦，一般高畦间距180cm，畦面宽80cm，每畦栽两行，小行距60cm，株距33～35cm。两行间采用交错栽植。这种大小行分布的双行栽植，由于两行间距小，扣在同一个棚内，可以节省覆盖材料。

（3）定植方法　为保证栽植后植株顺利成活，必须充分作好定植前的准备工作。一般要求在定植前10d完成整地、作畦和施底肥，定植前3～5d扣好地膜或小拱棚，以提高地温。预备移栽定植的瓜苗要在定植前7d进行秧苗锻炼；起苗前苗床灌水，以保持营养钵中土壤有适当的水分。定植日期应选在“冷尾暖头”晴暖天气，最好在定植后能有连续3～5d晴暖天气。

选择晴天上午栽苗。将瓜苗顺着畦向一侧摆好，之后揭开小拱棚的一侧栽苗。在畦内按株距挖穴，向穴内灌底水，待水渗下后将瓜苗小心栽入定植穴内（用塑料钵育苗的，应先将塑料钵轻轻脱下）。定植穴内底水量视墒情而定，以能保证栽苗后可很快湿透土坨并与瓜畦底墒相接为宜。若瓜畦底墒很好，且瓜苗土坨内水分也较适宜，则可减少底水用量。若瓜畦底墒不足，且瓜苗土坨过干，则应增加底水用量，必要时可在栽苗前定植穴内灌底水的基础上，栽苗后再浇一次小水，然后封穴。瓜苗栽入定植穴后，应及时用从定植穴内挖出的土壤将土坨周围的缝隙填满，并用手从四周轻轻压实，但应注意勿挤压土坨，以防挤碎土坨伤根。定植深度以瓜苗土坨上面与瓜畦畦面相持平为宜，过深不易缓苗。选择适宜宽度的地膜，对准畦面拉紧后，在秧苗位置将地膜开成“十”字形或“T”字形口，将瓜苗引出地膜外边，再将地膜铺好，封严。

定植工作宜在定植当天下午14时以前，天气尚暖时结束。定植时应随定植随扣棚，每栽完一畦扣一畦，并立即将四周压牢封严，固定好压膜绳。有草苫覆盖的，应定植、扣棚后，当天晚上即覆盖草苫保温。

为保证苗全苗旺，定植时应同时在田间栽一些补苗用的后备苗。定植后7日内进行查苗补苗工作，将田间表现缓苗不好或受损伤严重的瓜苗拔掉，补栽上健壮的后备苗。

**4. 定植后管理**

（1）温湿度控制　小拱棚栽培的瓜苗定植后，由于当时外界气温尚低，需要依靠拱棚覆盖来创造适宜甜瓜生长的温度环境。但因拱棚内空间小，在晴天中午棚内气温可达到40～50℃，特别是在天气渐暖时，易造成高温危害；而遇到强寒流天气时，棚内温度又会很快大幅度降低，特别是大多数小拱棚夜间无草苫覆盖，故容易出现寒害。因此，必须加强覆盖保温管理。

定植后5d内不通风，以提高地温和气温，促进甜瓜缓苗。缓苗期晴天中午的温度超过35℃时要适当放风降温，以防烤苗。此后，随天气变暖，棚温渐高，开始逐渐通风，保持棚内温度最高不超过32℃，最低气温不应低于12℃。当棚温达到28℃时通风，下午降至25℃时关闭风口。初期通风可在拱棚两头揭开。开始可先从一头揭开换气，天暖后再两头同时通风。大风天，特别是外温尚低时，应只揭开背风一头。每日通风应掌握从小到大的原则，否则易“闪苗”。当两头通风仍不能降下温度时，东西向的拱棚可再在南边掀开底边膜防风降温，或在南面底边处挖10cm见方的通风洞，每隔2m一个。随天气转暖，应逐渐加大通风量，放大和增加通风口，延长通风时间。但不要在天冷时从迎风侧开口放风，以防冷风吹入伤苗。前期一般采取白天晚放风，早停止。若遇强寒流天气，应用草苫或其他盖草等措施临时夜间保温防寒。当外界平均气温在15℃以上时，白天可将拱棚两侧揭开通风，夜间再盖好。当外界平均气温达到18℃以上时，可昼夜揭开通风。

生产上，有的瓜农在甜瓜生长的后期撤掉了小拱棚，让甜瓜在露地条件下生长结果。实践证明，更好的做法是让甜瓜的整个生育期在小拱棚内，因为后期覆盖薄膜可起到防雨、防病的作用，只是后期应将小拱棚两侧薄膜卷起，昼夜通风。

（2）肥水管理　保持拱棚内的适宜土壤湿度，特别是在北方干旱地区和沙地条件下。除定植前灌足底水外，发现土壤过干时，及时灌水，防止因土壤过干和高温而造成危害。在伸蔓期，追一次速效肥，如尿素、磷酸二铵等。果实坐住后，应适量追肥，每667$m^2$追施磷酸二铵25kg、硫酸钾15kg，或氮、磷、钾复合肥15kg。水分管理上，生长初期应保持适当水分，开花坐果期要减少浇水，以免生长过旺而化瓜，膨瓜期水分要充足，果实将近成熟时要控制水分，以免影响品质。当进入雨季，外界雨水较多时，要注意防止雨水滴入棚内或渗入棚内，以免增加土壤湿度。

（3）整枝留瓜　薄皮甜瓜多为子蔓及孙蔓结瓜品种。不同品种及不同地区对薄皮甜瓜的整枝方式差异很大，但多数采取双蔓整枝和多蔓整枝方法（图 11）。

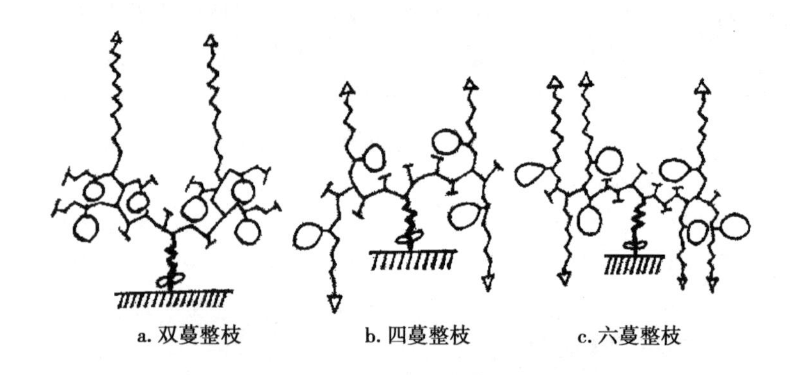


**图 11　薄皮甜瓜的双蔓和多蔓整枝示意图**

①双蔓整枝。瓜苗 4 ~5 片叶时摘心，促发子蔓，子蔓长出后，选留 2 条健壮子蔓，子蔓长到 20 ~30cm 长时，摘除基部 1 ~2 节上的孙蔓，以后无雌花的孙蔓也要摘除，有雌花的孙蔓在雌花前留 1 ~2 叶摘心，每条孙蔓留瓜 1 个，每株留瓜多个。子蔓在瓜成熟前摘心。

②多蔓整枝。一般在主蔓有 5 ~6 片真叶时摘心，子蔓长出后，每株可留健壮子蔓 3 ~4 条，每条子蔓 8 ~12 叶时第二次摘心，在子蔓 2 ~3 节处留孙蔓坐瓜，孙蔓花出现后留 3 ~4 叶摘心，每株留 4 ~6 个瓜。除掉其余的子蔓和孙蔓，以免消耗养分。

整枝工作应结合小拱棚通风时进行。因棚内空间小，容易因侧蔓发生而造成棚内蔓叶拥挤，影响生长，因而要及时整枝打杈。打杈应在下午进行，因上午瓜蔓含水多而脆，上午打杈容易损伤瓜蔓和叶片。打杈时应结合去掉卷须。整枝应掌握前紧后松的原则，在坐果前要严格整枝、打杈、摘心等，坐果后可适当放松，让其自然生长，增加光合叶面积，以获得高产。

（4）授粉　早上雌花开放后，从田间采摘雄花，去掉花瓣，露出花药，对准雌花的柱头轻轻涂抹，将花粉涂在雌花柱头上。为标明授粉日期，可在果柄上挂上写明授粉日期的小牌子。也可用秸秆、竹竿、枝条等物在顶端涂上不同颜色作为标记，还可系不同颜色的布条或塑料绳做标记。每授完一朵花，即做一标记，最好一天换一种颜色的标记。根据授粉后的天数或甜瓜果实发育所经受的积温数以及品种特性及时采收。授粉期如无雄花或阴天过多，也可用坐瓜灵蘸花或涂抹果柄。

（5）垫瓜、翻瓜　瓜坐住后，可在瓜下垫草，以保持瓜面洁净，减少烂瓜。坐瓜后期进行翻瓜，一般选择晴天下午翻瓜，翻瓜时要轻拿轻放，成熟前共翻瓜 2～3 次。

（6）病虫害防治　小拱棚栽培后期棚内温度高、湿度大、植株生长旺盛，加之通风不良，易诱发病害。全生育期覆盖、地膜覆盖、合理整枝打杈和加强肥水管理等都是控制病害的重要措施。具体病害的药剂防治方法参照本书“甜瓜病虫害及其防治”部分。

### 5. 采收

薄皮甜瓜小拱棚覆盖栽培，定植早，果实发育期间气温相对较低，从开花到果实成熟需要时间较长，而当时季节差价很大，极易造成人为提早采收而影响品质，应十分重视采收的成熟度。确定果实成熟度的可靠方法是根据授粉时的标记及该品种果实成熟所需天数。

# 九、甜瓜病虫害及其防治

## （一）主要病害及其防治

甜瓜的主要病害有猝倒病、枯萎病、根腐病、白粉病、蔓枯病、霜霉病、炭疽病、疫病、灰霉病、菌核病、病毒病、细菌果斑病、细菌性叶斑病、瓜细菌性角斑病、甜瓜叶枯病、根结线虫病等。

### 1. 甜瓜猝倒病

危害症状：本病除甜瓜外，还危害多种蔬菜幼苗。主要是种子和幼苗受害，有时幼苗未出土前引起烂种。瓜苗出土后，幼茎与地面接触处呈水渍状、黄褐色缢缩凹陷，幼苗在茎缢缩处猝倒，以后植株失水，子叶萎蔫，幼苗枯死。

病原：甜瓜猝倒病是由瓜果腐霉菌 *Pythium aphanidematum* (Eds) Fitzp 引起的真菌病害，属鞭毛菌亚门腐霉属真菌。

发病规律：病菌以卵孢子在土壤中越冬，也可以菌丝在病残体上于土壤中越冬或越夏。播种后，卵孢子或菌丝体上的孢子囊萌发产生游动孢子，侵染幼苗，引起猝倒。病菌借灌溉水传播，带菌的肥料、农具也能传病。病害的发生与温度、湿度、光照和管理有密切关系。土壤温度低、湿度大，利于病菌的生长和繁殖，不利于瓜苗的生长。一般夜间凉爽，阴雨天多，光照不足，田间湿度大时，最有利于病害的流行。土壤温度在 10～15℃时，病菌繁殖最快，30℃以上则受到抑制。土壤温度在 10℃时，不利于瓜苗的生长，而有利于病菌的生长，使瓜苗易感病。因此，冬季和早春育苗及早春直播时，因土壤温度低，阴雨天多，相对湿度大和管理不良等，常引起病害大发生。光照足，幼苗光合作用旺盛，生长健壮，抗病力强；反之，幼苗易发病。播种过密，间苗不及时，通风不良，则易诱发病害流行。

防治要点：

（1）苗床土壤消毒　苗床地选择地势较高、排水良好、前茬未种过瓜类蔬菜的地块，床土要用新土，如用旧床土应进行土壤消毒。消毒方法如下：在育苗前 2～3 周进行，先将床土耙松，每 $1m^2$ 床面用 40% 福尔马林 40ml，对水 1～3L 浇于床土上，立即用塑料薄膜覆盖，4～5d 后将覆盖物去掉，约经 2 周药液充分挥发后播种。或用 58% 甲霜灵·代森锰锌可湿性粉剂 600 倍液，每 $m^2$ 床面浇灌 4～5L，并用塑料薄膜覆盖 3～5d。或用 70% 敌克松原粉 1 000倍液，每 $1m^2$ 床面浇灌 4～5L，然后播种。或用 50% 多菌灵可湿性粉剂，或 58% 甲霜灵锰锌可湿性粉剂每 $1m^2$ 苗床 8～10g，对少量细土拌匀撒在苗床表面，与床土混匀后播种。也可用 70% 敌克松原粉每 $1m^2$ 苗床 4～6g，与 10～30kg 细干土拌匀成药土，待苗床所浇底水渗下后，取 1/3 药土铺在下面，播种后再将其余 2/3 药土覆在种子上面，播后保持床面湿润。此外，向床土中施入适量石灰或草木灰亦有预防发病的作用。

（2）种子消毒和培育壮苗　用 50～55℃温水浸种 10～15min；或用 50% 福美双可湿性粉剂，或 65% 代森锌可湿性粉剂，按种子量的 0.3% 拌种消毒，杀死种子内外携带的病菌。加强苗床管理，防止冷风和低温侵害，促进瓜苗健壮生长，提高抗病力。

（3）控制床土温、湿度　该病在湿度大时发生严重，必须浇水时应在晴天上午 8 时后进行，并注意通风降湿，保持表土干燥。

（4）药剂防治　发病初期可喷洒 25% 嘧菌酯悬浮剂 1 500倍液，或 52.5% 霜脲氰·恶唑菌酮水分散粒剂 2 000～2 500倍液，或 68.75% 霜霉威·氟吡菌胺悬浮剂 1 000倍液，或 72.2% 霜霉威盐酸盐水剂 600 倍液，或 58% 甲霜灵·代森锰锌可湿性粉剂 500～

700 倍液；或 72% 霜脲氰·代森锰锌可湿性粉剂 600 ~ 750 倍液，或 64% 杀毒矾可湿性粉剂 600 倍液，或 50% 烯酰吗啉·代森锰锌可湿性粉剂 1 000倍液，或 70% 代森联水分散粒剂 600 ~ 800 倍液，喷洒病株周围土壤，控制病菌蔓延。以上药剂可轮换使用。每隔 7 ~ 10d 一次，或视病情发展而定。

### 2. 甜瓜枯萎病

危害症状：甜瓜全生育期均能发病，但以抽蔓到结果期发病最重。本病的典型症状是地上部瓜蔓萎蔫和地下部根发生病变。本病常在开花期前后开始发生，初期可见茎蔓上叶片由基部向顶端逐渐萎蔫，晴天中午更为明显，早晚又可恢复，叶面上不产生病斑，数天后瓜秧叶片全都萎蔫下垂，每日早晚也不再恢复。检查茎蔓基部表现缢缩，表皮粗糙、纵裂。在潮湿条件下，病部呈水渍状腐烂，表面产生白色或粉红色霉状物。瓜根易从土壤中拔起，须根很少，皮层与木质部易剥离，根的维管束变成褐色。病株在瓜田中常成条或成片发生，个别严重的则造成全田大部分瓜秧枯死。

病原：系由尖镰孢菌甜瓜专化型 *Fusarium oxysporium* f. sp. *melonis*（Leach et Currence）Snyder et Hansen 引起的真菌病害，属半知菌亚门尖镰孢属真菌。

发病规律：病菌以菌丝体、厚垣孢子和菌核在土壤和堆肥中越冬，种子也可带菌，成为设施栽培的初侵染源。该菌有较强腐生性，在土壤中能存活 5 ~ 6 年，厚垣孢子及菌核通过牲畜消化道后仍不失掉生活力，所以，连作、施用未充分腐熟的有机肥发病重，播种带菌种子加重发病。该病在瓜田内借灌溉水、雨水和昆虫传播，地下害虫和线虫为害，造成根和根茎部伤口，为病菌侵入创造了条件，可加重发病。

防治要点：

（1）选用抗病品种　薄皮甜瓜比厚皮甜瓜抗病，可选用高产优质又抗病的当地薄皮甜瓜品种。厚皮甜瓜品种可选用伊丽莎白、翠蜜等品种。

(2) 实行轮作　轮作5~6年以上可减轻发病。也可实行水旱轮作，利用水稻茬种植甜瓜。

(3) 清洁瓜田　施用净肥减轻病害传播蔓延。增施钾肥，促使甜瓜生长健壮，提高抗病能力。有条件的最好施用生物菌肥，既可避免粪肥带菌，又能明显提高甜瓜质量。

(4) 种子处理　用0.1%~0.2%高锰酸钾或福尔马林150倍液，或50%复方多菌灵可湿性粉剂500倍液浸泡种子0.5~1h，再用清水洗干净后催芽育苗。

(5) 苗床土壤处理　常用50%多菌灵可湿性粉剂，或58%甲霜灵锰锌可湿性粉剂每$m^2$苗床8~10g，对少量细土拌匀撒在苗床表面，与床土混匀后播种。如用营养钵育苗，可在每$m^3$营养土内加上述药剂150g，药土拌匀后装钵育苗。可有效兼治甜瓜苗期病害。

(6) 移栽前苗床喷药　移栽前用50%复方多菌灵可湿性粉剂500倍液喷灌苗子2~3次，培育壮苗，并可预防苗期病害。

(7) 移栽前药剂处理瓜畦（垄）土壤　移栽前结合瓜畦（垄）施肥，每667$m^2$用50%多菌灵可湿性粉剂1~2kg，对水10~20kg（也可对细土30~40kg），喷或撒施在地面，结合耕地将药剂翻入土内，深度为25~30cm，耙平。

(8) 移栽时药剂灌根　将瓜苗移入穴中，用50%多菌灵可湿性粉剂500倍液，或50%苯菌灵可湿性粉剂1 000倍液，每穴灌药150ml。缓苗后隔7~10d灌1~2次。此外，坐瓜前后开始喷洒细胞分裂素500~600倍液，或保丰宁300倍液，每隔10d喷1次，能增强抗病力。

### 3. 甜瓜根腐病

危害症状：甜瓜根腐病主要为害根及地表茎基部。病株白天枝叶萎蔫，傍晚至第二天早上恢复，反复几天后全株枯死。病株的根及茎基皮层组织呈淡褐色至黑褐色锈腐状，极易脱落或剥离，露出暗色木质部。

病原：甜瓜根腐病是由腐皮镰孢菌 *Fusarium solani*（Mayt.）Sacc. et Wo. 引起的真菌病害，属半知菌亚门真菌。

发病规律：病害由土壤和病残体传播。病菌的厚垣孢子、菌核或菌丝体在土壤中越冬，成为翌年主要侵染源，通过雨水和灌溉水进行传播蔓延。施用带菌土杂肥可加重发病，管理粗放的地块发病重，土壤湿度大和温差大的情况下利于其发生和流行。

防治要点：

（1）实行轮作　可与十字花科作物实行轮作。

（2）选用抗病品种

（3）种子处理　先用0.2%～0.5%的碱液清洗种子，再用清水浸种4～6h，捞出后浸入1%次氯酸钠溶液中浸泡5～10min，冲洗干净后催芽播种。

（4）加强栽培管理　实行高垄栽培，进行合理密植，降低田间湿度。

（5）药剂防治　田间出现中心病株时，可采用50%复方苯菌灵可湿性粉剂800倍液，或50%多菌灵可湿性粉剂500倍液灌根。

### 4. 甜瓜白粉病

厚皮甜瓜白粉病近年来危害十分严重，特别是日光温室冬春茬栽培的甜瓜，中后期植株生长衰弱时，容易发生流行。

危害症状：主要为害叶片，也侵染叶柄、瓜蔓和瓜。发病初期，叶面和叶背产生白色近圆形小霉点，后扩大成直径1cm左右的霉斑，以叶面为多。环境适宜时，霉斑扩大连片，使全叶满布白色粉状物，故称白粉病。后期白色粉状物变成灰白色，其上长出黑色小点，即病菌的闭囊壳。病斑连片使整个叶片变脆枯黄卷缩，但一般不脱落。叶柄、瓜蔓和瓜染病，病斑与叶片相同，病部布满白粉，但不如叶片上严重。

病原：甜瓜白粉病是由单丝壳白粉菌 *Sphaerotheca fuliginea* (Schl.) Poll 和二孢白粉菌 *Erysiphe cichoracearum* DC. 引起的真菌病害，均属子囊菌亚门真菌。

发病规律：病菌以有性世代闭囊壳随病残体在田间越冬。第二年以子囊孢子为初侵染源，后在病部产生分生孢子随气流、雨水和昆虫传播，扩大侵染，成为早春大棚的病菌来源。孢子萌发适温为20～26℃，当气温在18～24℃，棚室内湿度大、植株长势弱时，甜瓜白粉病极易发生流行。干湿气候交替，发病偏重，湿度大、通风不好时发病早且重。坐瓜四周的功能叶最易感病，以后随果实发育增大，抗病力下降，病情不断加重。

防治要点：

（1）轮作换茬　与禾本科作物轮作3～5年。

（2）选用抗病品种　不同品种对白粉病抗病性差异较大。厚皮甜瓜抗白粉病的品种主要有状元、翠露、大利、鲁厚甜1号等。

（3）加强栽培管理　甜瓜收获后，应彻底清除瓜株病残体，集中处理。栽培方式应采用高畦栽培和地膜覆盖，保护根系。科学施肥，合理密植，尽可能增加光照，防止植株早衰，以增强植株抗病力。适当控制浇水，及时通风，降低田间湿度。

（4）药剂防治　发病初可选用2%农抗120水剂200倍液，或农抗BO-10水剂200倍液，或用10%苯醚甲环唑水分散粒剂2 000倍液，或40%氟硅唑乳油8 000～10 000倍液，或25%吡唑醚菌酯乳油2 000～3 000倍液，或25%嘧菌酯悬浮剂1 500倍液，或50%醚菌酯2 500～3 000倍液，或40%多菌灵·硫磺悬浮剂500～600倍液。每隔7～10d喷1次药，连喷3～4次。当白粉病和霜霉病并发时，可喷洒72%霜脲氰·代森锰锌可湿性粉剂500倍液加40%氟硅唑乳油8 000倍液，防治效果好，持效期长。阴雨天时可选用5%春雷霉素·王铜粉尘剂，防治效果理想。

### 5. 甜瓜蔓枯病

甜瓜蔓枯病又称褐斑病、黑腐病，是甜瓜产区常见病害。设施栽培甜瓜发病较重，严重影响甜瓜产量和品质。

危害症状：甜瓜茎蔓、叶片和果实均可受害，以茎蔓受害最重。主蔓和侧蔓发病，在茎基部呈淡黄色油渍状病斑，稍凹陷，椭圆形至梭形，后期病部龟裂，并分泌出黄褐色胶状物，干燥后呈红褐色或黑色块状。生长后期病部干枯，呈灰白色，表面散生黑色小点，即病菌的分生孢子器及子囊壳。叶片上病斑黑褐色，多呈"V"字形，有时为圆形或不规则形。有不明显的同心轮纹，叶缘老病斑上有小黑点，病叶干枯呈星状破裂。果实受害初期产生水渍状病斑，中央变褐色枯死斑，呈星状开裂，引起烂瓜。解剖病茎维管束不变色。

病原：甜瓜蔓枯病是由西瓜壳二孢菌 *Ascochuyta citrullina* Smith 引起的真菌病害，属半知菌亚门真菌。

发病规律：甜瓜蔓枯病菌以分生孢子器和子囊壳在病残体上和土壤中越冬或越夏，种子也能带菌。病菌产生分生孢子借气流和雨水传播，引起甜瓜发病，或由种子带菌引起发病形成中心病株，以后在病斑处产生分生孢子器和子囊壳进行田间再侵染。甜瓜蔓枯病菌可从茎蔓的节间、叶和叶缘水孔及伤口侵入。连作、地势低洼、叶蔓茂密、通风不良、农事操作时造成伤口等情况下，发病严重。

防治要点：

（1）田间管理　与禾本科作物实行 2～3 年的轮作，或进行水、旱轮作。不使用未经腐熟的带菌有机肥。施足基肥，采用配方施肥，增施钾肥。培育壮苗，增强植株抗病能力。清洁田园，及时清除病叶、病蔓、病瓜并深埋。

（2）种子处理　用 55℃温水浸种 15min，也可用 40% 甲醛 100 倍液浸 30min，或 0.1% 高锰酸钾浸种 1h，用清水洗净后播种。

（3）药剂防治　发病初期可选用 10% 苯醚甲环唑水分散粒剂

1 000～1 500倍液，或60%吡唑醚菌酯·代森联水分散粒剂1 000倍液，或20.67%氟硅唑·恶唑菌酮乳油2 000～3 000倍液，或70%甲基硫菌灵可湿性粉剂600倍液，将以上药剂交替使用，每隔5～7d喷1次药，或视病情发展而定。

### 6. 甜瓜霜霉病

甜瓜霜霉病是甜瓜生产上一种重要病害，病势扩展迅速，可减产30%～50%，对甜瓜生产威胁较大。

危害症状：甜瓜霜霉病在整个生育期均可发病，主要危害中下部叶片。苗期染病，子叶上产生褪绿色小黄斑，后扩展成黄褐色病斑。成株染病，叶面和叶背产生褪绿黄色病斑，沿叶脉扩展呈多角形。后期病斑变成浅褐色或黄褐色。湿度大时，叶背面长出灰黑色霉层。棚室内湿度大时，或露地甜瓜在连续降雨条件下，病斑迅速扩展或融合成大斑块，致叶片上卷或干枯，下部叶片全部干枯，有时仅剩生长点附近几层绿叶。因叶片受害导致瓜小，质劣，无法食用。

病原：甜瓜霜霉病是由古巴假霜霉菌 *Pseudoperonospora cubensis* (Berk. et Curt.) Bostov. 引起的真菌病害，属鞭毛菌亚门真菌。

发病规律：甜瓜霜霉病多从近根部叶片开始发病，病菌萌发和侵入对湿度条件要求较高，叶片有水滴或水膜时病菌才能侵入。相对湿度高于83%，病部可产生大量孢子囊，条件适宜经3～4d又产生新病斑，长出孢子囊进行再侵染。病菌对温度要求范围较广，气温10～30℃均可发病，最适温度为15～24℃，低于10℃或高于30℃不易发病。设施甜瓜浇水过量，露地甜瓜浇水后遇中到大雨，地下水位高，枝叶密集易发病。

防治要点：

(1) 选用抗霜霉病品种　古拉巴、玉姑等甜瓜品种抗病性较好。

(2) 加强田间管理　避免与瓜类作物连作，配方施肥，增强植株抗病性。及时整蔓，保持通风透光。设施内采用地膜覆盖。浇水后及时放风，降低田间湿度。浇水时忌大水漫灌。

（3）药剂防治　发病初期可喷洒25%嘧菌酯悬浮剂1 500倍液，或52.5%霜脲氰·恶唑菌酮水分散粒剂2 000～2 500倍液，或68.75%霜霉威·氟吡菌胺悬浮剂1 000倍液，或72.2%霜霉威盐酸盐水剂600倍液，或58%甲霜灵·代森锰锌可湿性粉剂500～700倍液，或72%霜脲氰·代森锰锌可湿性粉剂600～750倍液，或50%烯酰吗啉·代森锰锌可湿性粉剂800倍液，或70%代森联水分散粒剂600～800倍液，以上药剂可轮换使用。每隔7～10d一次，或视病情发展而定。

**7. 甜瓜炭疽病**

甜瓜炭疽病在设施栽培和露地栽培中均可发生。除生长季节发病外，储藏期间亦发病而造成烂瓜。

危害症状：甜瓜在整个生长期均可受害，以生长中、后期发病较重。苗期子叶上病斑多发生在边缘，呈半椭圆形褐色斑，蔓延至幼茎造成猝倒，但比立枯病和猝倒病的发病部位高。成株期叶片发病，初为水渍状、圆形黄褐斑，很快干枯成黑褐色，外围有一黄褐色晕圈，有时具轮纹，后期常扩展成不规则形斑，干燥时易破碎。潮湿时叶背长出粉红色小点，后变黑色，即病原菌的分生孢子盘。茎和叶柄受害，呈椭圆形凹陷斑，表面有黑色小点。瓜受害，初为水渍状小点，扩大后呈圆形或椭圆形凹陷斑，暗褐色至黑褐色，凹陷处龟裂，潮湿时病斑中部产生粉红色黏质物即分生孢子堆。严重时瓜上的病斑汇合，瓜瓤干腐，引起溃烂。

病原：甜瓜炭疽病是由瓜类炭疽菌 *Colletotrichum orbiculare* (Berk. & Mont.) Arx 引起的真菌病害，属半知菌亚门炭疽菌属真菌。

发病规律：甜瓜炭疽病菌以菌丝体在被害组织上或在土壤中越冬或越夏，也可附在种子表面黏膜上越冬、越夏，此即为初侵染来源。种子带菌可造成幼苗猝倒。病斑上的分生孢子借风雨及某些昆虫传播，进行再侵染。甜瓜炭疽病菌在10～30℃均可发病，最适温度为20～24℃，相对湿度达87%～95%时，潜育期3d即可发病；相对湿度54%以下时则不发病。雨水偏多或浇水过多，地势低洼，排水不良，有利于病害发生。

防治要点：

（1）种子消毒　用55℃恒温水浸种15～20min后冷却，催芽育苗。或用40%福尔马林150倍液浸种30min，然后用清水冲洗干净，再用清水浸种。

（2）轮作与加强田间管理　与非葫芦科作物实行3年以上轮作。不要在低洼地种植。加强栽培管理，使植株生长健壮。收获后及时清除病残株及病瓜。

（3）药剂防治　发病前喷药保护，可选用25%嘧菌酯悬浮剂1 500倍液，或50%醚菌酯干悬浮剂2 000～3 000倍液。发病初期可喷洒68.75%恶唑菌酮·代森锰锌水分散粒剂1 200～1 500倍液，或50%咪鲜胺锰盐可湿性粉剂1 000～1 500倍液，或60%吡唑醚菌酯·代森联水分散粒剂1 000倍液，或20.67%氟硅唑·恶唑菌酮乳油2 000～3 000倍液，或70%代森联水分散粒剂600～800倍液，或62.5%腈菌唑锰锌1 000～1 500倍液，或80%福美双·福美锌可湿性粉剂800倍液，或70%甲基硫菌灵可湿性粉剂800倍液。5～7d喷1次，连喷3～4次。以上药剂交替使用可提高防效，延缓植株抗药性的产生。

### 8. 甜瓜疫病

甜瓜疫病又称死秧，是甜瓜生产上重要病害。

危害症状：该病菌以侵染根颈部为主，还可侵染叶、蔓、果实。幼苗期受害，茎基部呈水浸状，并逐渐缢缩，呈暗褐色，基部叶片先萎蔫，不久即青枯死亡。成株发病时，首先在茎基部产生暗绿色水渍状病斑，病斑迅速扩展，茎基呈软腐状，植株萎蔫青枯，维管束不变色。潮湿时腐烂，在干燥情况下呈灰褐色干枯。叶片受侵害时由叶缘向里发展，形成灰褐色至黄褐色病斑，潮湿时全叶腐烂，干燥时叶片极易破裂。严重时，叶柄、瓜蔓也可受害，症状与根颈部相似。果实发病，初生暗绿色近圆形水浸状病斑，潮湿时病斑很快蔓延，病部凹陷腐烂，在病斑部长出稀疏白色霉状物，即孢子囊和孢子囊梗。

病原：甜瓜疫病是由掘氏疫霉 *Phytophthora drechsleri* Tucker.，异名为甜瓜疫霉 *P. melonis* Katsura. 侵染引起的真菌病害，属鞭毛菌亚门疫霉属真菌。此外，辣椒疫霉 *P. capsici* Leonian 和寄生疫霉 *P. parasitica* Daster 等也能引起此病。

发病规律：甜瓜疫病是一种土传病害，病菌以菌丝体和卵孢子随病残组织在土壤中越冬，卵孢子可在土壤中存活 5 年。种子带菌率较低。翌年条件适宜，病菌进行再侵染。病菌发育适温为 28～30℃。露地甜瓜病害的发生轻重与当年雨季到来迟早、气温高低、雨天多少及雨量大小有关。一般进入雨季开始发病，遇有大暴雨病害迅速扩展蔓延造成流行。设施栽培湿度大、气温高时发病重，连作地或平畦栽培易发病，大水漫灌、浇水次数多、水量大发病重。

防治要点：加强栽培管理，以防病为主，辅之以药剂防治。

（1）品种选择　因地制宜选用抗病品种。

（2）嫁接防病　嫁接苗可防疫病及枯萎病等病害。

（3）清洁田园　及时清除病残体，减少田间病菌基数。

（4）苗床土壤处理　可用 77% 硫酸钙铜可湿性粉剂，按 8g/$m^2$，与 5～10kg 细土拌匀撒在苗床上。

（5）药剂防治　定植时用 77% 硫酸钙铜可湿性粉剂 600 倍液灌穴，每穴 100ml 药水。病害预防还可喷施诱抗剂甲壳素（阿波罗 963 水剂）1 000倍液，或 0.5 % 氨基寡糖素（OS-施特灵）水剂 600 倍液，增强植株抗病性。发病初期，发现病株立即拔除，穴内撒生石灰消毒。中心病株出现后及时喷洒 52.5% 霜脲氰 · 恶唑菌酮水分散粒剂 1 500倍液，或 72% 霜脲氰 · 代森锰锌可湿性粉剂

600～800 倍液，或 60% 吡唑醚菌酯·代森联水分散粒剂 1 000倍液，或 68% 甲霜灵·代森锰锌水分散粒剂 500～600 倍液，重点喷茎基部和土表。

### 9. 甜瓜灰霉病

危害症状：花、幼果、叶片和茎均可染病。病菌多数从开败的花中侵入，使花腐烂，并密生灰黑色霉层。进而侵入幼瓜，使脐部呈水渍状，并产生灰色霉层。当病花、病果上病菌孢子随露水滴落在健叶上或接触到叶、茎时，便引起发病。叶片受害产生边缘明显的大型病斑，圆形或不规则形；茎部受害引起茎腐，严重时病茎折断。

病原：甜瓜灰霉病是由灰葡萄孢 *Botrytis cinerea* Pers. 引起的真菌病害，属半知菌亚门葡萄孢属真菌。

发病规律：病菌以菌丝或菌核随病残体在土壤中越冬或越夏，在日光温室栽培的甜瓜上可周年危害。病菌随气流、浇水及农事操作传播、蔓延。秋冬或早春气温保持在 15～18℃ 且持续时间长，连阴天多，湿度大时，会引发灰霉病严重发生和流行。田间密度大，不及时整枝打杈，管理粗放的地块易发病。

防治要点：

（1）栽培防病　培育壮苗，加强甜瓜早期管理，提倡高畦或高垄栽培。冬春季节注意提高地温、降低空气湿度。

（2）药剂防治　可选用 40% 嘧霉胺悬浮剂 800～1 000倍液，或 50% 啶酰菌胺水分散粒剂 1 500倍液，或 65% 多菌灵·乙霉威可湿性粉剂 600～800 倍液，或 50% 异菌脲 1 000倍液，或 2.5% 咯菌腈悬浮剂 1 000倍液。隔 7～10d 喷 1 次，或视病情发展而定，连喷 2～3 次。连阴天可采用烟雾剂防治，用 10% 腐霉利烟剂（200～250g/667$m^2$），或 45% 百菌清烟剂（250g/667$m^2$）熏蒸过夜。因灰霉病菌易产生抗药性，不同作用机制的药剂一定要交替使用，以免降低防治效果。

### 10. 甜瓜病毒病

甜瓜病毒病又叫花叶病、小叶病，是甜瓜产区普遍发生的一种病害，对甜瓜产量和品质影响较大。设施秋延迟或秋冬茬栽培及露地栽培甜瓜受害较重。

危害症状：甜瓜病毒病常见症状分为黄化型、花叶型和混合型3种。一是黄化型：发病初期顶部嫩叶叶脉旁出现小块褪绿斑，后叶片变黄变小，叶缘反卷。发病越早，瓜小且少，果面有浓淡相间斑驳，网纹甜瓜网纹不均匀，有时植株呈丛枝状。二是花叶型：受害叶片先表现明脉，叶片出现黄绿与浓绿镶嵌的花斑，叶面皱缩，凹凸不平，瓜蔓扭曲萎缩，植株生长缓慢，有时发生顶端坏死。三是混合型：植株矮化皱缩，叶片黄化、花叶且畸形，发病严重时整株死亡。

病原：甜瓜病毒病是由黄瓜花叶病毒（Cucumber mosaic virus 简称 CMV）、甜瓜花叶病毒（Muskmelon mosaic virus 简称 MMV）、西瓜花叶病毒2号（Watermelon mosaic virus 简称 WMV-2）等多种毒源引起的病毒病害。

发病规律：甜瓜种子带毒，是初侵染的重要来源。生长期由棉蚜、桃蚜及病毒汁液摩擦接触传染。种子带毒率高低与发病迟早有关，发病早的说明种子带毒率高。高温干旱、田间管理粗放、蚜虫发生量大或光照强的条件下发病重。夏季发病较为普遍。

防治要点：

（1）选用抗病或耐病品种　薄皮甜瓜比厚皮甜瓜耐病力强。

（2）选用无病种子　选择无病地繁殖种子，确保种子不带毒。

（3）种子处理　用55℃温水浸种40min，或60～62℃温水浸种10min后移入凉水冷却浸泡10～24h，再催芽、播种。也可用10%磷酸三钠溶液浸种20min，使吸附在种子表面的病毒钝化失活。

（4）加强田间管理　合理施肥，培育壮苗，适期定植，增强植株抗病力。棚室秋延迟、秋冬茬栽培的甜瓜，育苗时严格注意防治蚜虫。整枝打杈、授粉等农事操作时不要碰伤叶、蔓，防止接触传毒。避免与西瓜、西葫芦混种，以免互相传毒。

(5) 采用黄板诱蚜和药剂防治蚜虫　在田间设置黄色粘板，诱杀蚜虫减少传毒机会。发现蚜虫及时喷洒45%高效氯氰菊酯乳油2 000倍液，或10%吡虫啉可湿性粉剂3 000倍液。

(6) 药剂防治　发病初期喷洒20%宁南霉素水剂600～800倍液，或20%病毒A可湿性粉剂500倍液，或1.5%植病灵乳油1 000倍液，30%病毒K可湿性粉剂800倍液。每隔7～10d一次，或视病情发展而定。

### 11. 瓜类细菌果斑病

瓜类细菌性果斑病（Bacterial fruit blotch of melon，简称BFB）是一种国际性的检疫性病害，除危害甜瓜外，还主要为害西瓜、西葫芦等葫芦科作物。我国自20世纪80年代末期开始发生，近年来有日趋严重的趋势。由于瓜类细菌性果斑病具有发病迅速、传播速度快、暴发性强等特点，使得该病害已成为影响我国瓜类生产的主要病害之一。

危害症状：叶片上病斑为圆形或多角形，边缘初为“V”字形水渍状斑，后干枯变薄。病斑背面菌脓干后呈发亮薄层。多个病斑融合后变为黑褐色大斑。果实染病初期，果皮上呈现水渍状小斑点，逐渐变为褐色凹陷斑，后期多龟裂。病菌单独或与腐生菌共同侵染，使中后期病果果肉呈水渍状腐烂。

病原：瓜类细菌果斑病是由燕麦嗜酸菌西瓜亚种 *Acidovorax avenae* subsp. *citrulli* Willems et al. 引起的细菌病害，属假单胞杆菌细菌。

发病规律：病原细菌在种子和土壤中遗留的病残体上越冬。远距离传播主要借助种子，种子表面和种胚均带菌。病菌主要从伤口和气孔侵染，病菌侵染子叶，引起幼苗发病，借助浇水、昆虫及农事操作传播。发病严重的，成熟时瓜肉腐烂。品种间抗性差异较大。

防治要点：

（1）种子消毒　选用72%硫酸链霉素1 000倍液浸种60min后催芽播种；或用40%的福尔马林200倍液浸种30min，或1%的盐酸浸种5min，或1%次氯酸钙浸种15min后，紧接着用清水浸泡5～6次，每次30min，再催芽播种。

（2）田间管理　及时清除病残体；应用地膜覆盖和滴灌设施，降低田间湿度和避免灌水传染；适时进行整枝、打杈，保证田间通风透光；合理增施有机肥，提高植株生长势，增强抗病能力；发现病株，及时清除；禁止将发病田中用过的工具拿到无病田中使用。

（3）药剂防治　用50%氯溴异氰尿酸水溶性粉剂800倍液，或200mg/kg的新植霉素，或72%农用硫酸链霉素1500倍液，或3%中生菌素可湿性粉剂500倍液喷雾。也可使用53.8%氢氧化铜干悬浮剂800倍液，或47%春雷霉素·王铜可湿性粉剂800倍液喷雾。喷药时应做到均匀、周到、细致。每隔7d用药1次，连续用药3～4次。

### 12. 甜瓜细菌性叶斑病

危害症状：甜瓜各生长期都能发病，主要危害叶片，也危害茎蔓和果实。子叶最早受害，初期为圆形或不规则形浅黄褐色、半透明点状病斑，以后病斑扩大。叶片受害，叶背先出现水渍状、稍凹陷褪绿小点，病斑处叶面凸起，病斑中央色浅，呈白色、灰白色、黄色或黄褐色，外围有黄色晕圈。病斑扩大后因受叶脉限制呈现多角形或不规则形，外围为褪绿晕圈。叶背面有时溢出黄白色菌脓，但不常见，这是与细菌性角斑病的区别。后期病叶黄褐色干枯，病斑处易开裂脱落。茎蔓受害，初为褐色病斑，进一步扩展后易引起病斑以上茎蔓枯死。果实受害，果皮上出现绿色水渍状斑点，以后发展为不规则形中央隆起的木栓化病斑，病斑周围水渍状，可发生龟裂，向果内扩展引起烂瓜和种子带菌。

病原：由黄单胞菌黄瓜叶斑病致病型 *Xantomonas campestris* pv. *cucurbitae*（Bryan）Dye 侵染引起，属黄单胞杆菌细菌。

发病规律：病原细菌附着在病残体上，在土壤或种子表面越冬或越夏，成为下茬初侵染菌源。病原细菌通过水孔、气孔或伤口侵入，引起初侵染。带菌种子在种子发芽时侵染子叶引起发病，通过风雨、浇水、昆虫和农事操作传播，进行重复侵染。连作地、低洼地和低温高湿的条件下发病重。带菌种子可随调种进行远距离传播。

防治方法：

（1）田间管理　与禾本科作物进行 3 年以上的轮作。及时松土、追肥，提高地温，增强植株抗病力。结合田间管理，及时摘除病叶、病果，收集病残株，集中销毁。

（2）种子消毒　用 55℃ 恒温水浸种 20min，或用 40% 福尔马林 100 倍液浸种 30min，用清水冲洗干净后催芽播种。

（3）药剂防治　发病初期可选用 47% 春雷霉素·王铜可湿性粉剂 800 倍液，或 20% 噻菌铜悬浮剂 600 倍液，或 33.5% 喹啉铜 800～1 000倍液，或 3% 中生菌素可湿性粉剂 600 倍液，或 72% 农用链霉素可溶性粉剂 2 500～3 000倍液，或 77% 硫酸钙铜可湿性粉剂 800 倍液，或 30% 琥胶肥酸铜（DT）可湿性粉剂 500 倍液喷雾，5～7d 喷 1 次，连喷 3～4 次。

### 13. 甜瓜叶枯病

危害症状：此病主要危害叶片。发病初期叶片上出现中间略凹陷的褐色小斑点，病斑边缘水渍状，病、健交界处十分明显，这是本病突出特点。发病后期病斑扩大连片，致使叶片干枯。果实染病可导致腐烂。

病原：甜瓜叶枯病是由瓜链格孢 *Aternaria cucumerina*（Ell. et Ev.）Elliott 侵染引起的真菌病害，属半知菌亚门链格孢属真菌。

发病规律：病原菌在种皮内或附着在病残体上越冬，成为翌年的初侵染源。病菌孢子借气流或雨水传播。条件适宜时孢子萌生侵染叶片导致发病，25℃以上高温和湿度大的条件下病情扩展迅速。

防治要点：

（1）合理轮作　避免与葫芦科作物如黄瓜、西葫芦等连作。

（2）种子处理　采用55℃温水浸种20min，消灭种子表面携带的病菌。

（3）加强田间管理　配方施肥，培育壮苗，提高抗病力。合理密植，避免大水漫灌，棚室内浇水后及时通风，降低田间湿度，不给病害提供大流行的条件。

（4）药剂防治　发病前可选用68.75%恶唑菌酮·代森锰锌水分散粒剂1 500倍液，或25%嘧菌酯悬浮剂1 500倍液喷雾。发病初期可选用60%吡唑醚菌酯·代森联水分散粒剂1 000倍液，或50%腐霉利可湿性粉剂1 500倍液等喷雾防治。以上药剂交替使用。

### 14. 甜瓜细菌性角斑病

危害症状：苗期和成株期均可发病，主要危害叶片，也危害叶柄、茎蔓和卷须。子叶上初生水渍状圆形凹陷斑，后变黄，干枯。真叶染病，初形成针尖大小褪绿小斑点，扩大后呈外围带有黄色晕圈的黄色或灰白色病斑，叶背面为水渍状。随病情发展，病斑受叶脉所限形成多角形黄褐色斑，对光观察，病斑明显透光。病部脆碎，常形成不规则形穿孔。病斑连片时，叶片常卷曲枯死。空气湿度大时，叶背溢出乳白色浑浊水珠状菌脓。果实染病，出现水渍状小斑点，后扩大成不规则连片病斑，病部溢出大量乳白色菌脓向果肉内扩展，并沿维管束蔓延到种子，造成种子带菌。常伴有软腐病菌侵染，导致瓜腐烂。

病原：甜瓜细菌性角斑病是由丁香假单胞杆菌流泪致病变种 *Pseodomonas syringae* pv. *Lachrymans*（Smith et Bryan）Young et al. 引起的细菌病害，属假单胞杆菌属细菌。

发病规律：病原细菌随病残体在土壤内或附着在种子表皮上越冬，在设施栽培条件下病菌仍可活动。播种带菌种子，病菌直接侵害幼苗子叶。病残体或土壤中的病菌借气流、浇水、昆虫和农事操作传播，从气孔或皮孔侵入扩展蔓延。高温高湿及连作地、昼夜温差大、雾露重且持续时间长易造成病害的发生和流行。

防治方法：

（1）种子处理　播前用55℃温水浸种20min，捞出晾干，催芽播种。也可用40%甲醛150倍液浸种1.5h，洗净后晾干，或用100万单位硫酸链霉素500倍液浸种2h，清水洗净后催芽。

（2）药剂防治　发病初期喷洒或47%春雷霉素·王铜800倍液，或57.6%氢氧化铜干粒剂1 200倍液，或77%硫酸钙铜可湿性粉剂600～800倍液，或50%琥胶肥酸铜杀菌剂可湿性粉剂500倍液，或33.5%喹啉铜750～1 000倍液，交替使用，隔5～7d喷1次药，或视病情发展而定，连用3～4次。喷药前先摘除病叶、病果，防治效果更明显。

### 15. 根结线虫病

随着设施栽培的发展，设施连作障碍问题日益加重，根结线虫的危害已成为瓜菜设施生产上的突出问题，其发生呈上升趋势，产量损失达30%～50%，严重的达70%以上。根结线虫病不仅危害甜瓜，还危害西瓜、黄瓜、番茄、辣椒、芹菜等20多种蔬菜。

危害症状：该病主要危害甜瓜根部，侧根和须根均可受害。苗期侵染，在甜瓜侧根或须根上形成针头状根结，后增生膨大，相互连结，形成许多黄白色节状或串珠状根结，使甜瓜根部肿大、粗糙，呈鸡爪状。病根易腐烂。根结形成少时，地上瓜蔓无明显症状；根结形成多时，地上瓜蔓生长不良，植株矮小，中午光照强时出现萎蔫，瓜秧黄化。严重时瓜秧枯死。在甜瓜生长期间可重复侵染，造成极大危害。

病原：根结线虫是由花生根结线虫 *Meloidogyne arenaria*（Neal）

Chitwood、南方根结线虫 *M. incognica*（Kofaid et White）Chitw.、爪哇根结线虫 *M. javanica*（Yreud.）Chitwood 和北方根结线虫 *M. hapla* Chitwood 引起的线虫病害。根据山东省农业科学院植物保护研究所在全省范围内采集主要设施蔬菜根结线虫标本的鉴定，山东日光温室瓜菜根结线虫病原以南方根结线虫为主。

发病规律：根结线虫主要以卵和 2 龄幼虫在甜瓜或其他寄主植物的根结中或土壤中越冬。多分布在 5～30cm 土壤表层，在土中可存活 1～3 年。春天种植甜瓜后，越冬卵孵化出幼虫，蜕皮后孵化出 2 龄幼虫在土中移动，侵害甜瓜根尖，从根冠上方侵入，分泌物刺激根导管细胞膨胀形成根结，幼虫在根结内发育到 4 龄时交配产卵，如此在一个生长季节，可完成多个世代。每个世代中，以 2 龄幼虫随农事操作、流水及自身运动等方式传播，进行重复侵染。此外，带有根结线虫根结的未腐熟的堆肥，也可成为此病的初侵染源。被根结线虫污染的土壤，很难将线虫彻底清除。25～30℃最适合线虫侵染，气温低于 5℃或高于 40℃，线虫活动受抑制，55℃时 10min 致死。土壤疏松、通气性好和连作瓜地，根结线虫病发生重。

防治要点：

（1）轮作防病　在发病严重地块，与非寄主作物实行 2～3 年轮作。

（2）土壤消毒　对有根结线虫的地块，在炎热的夏季休闲时进行阳光消毒，深翻土壤，使深层土壤暴露在地表，暴晒使线虫死亡。也可在拉秧后挖沟起垄，加入氰氨化钙或含氮高的化肥，灌水后覆盖地膜和密闭大棚，线虫可因热力、缺氧、有毒气体熏蒸而死亡。

不施用带有根结线虫病根又未充分腐熟的有机肥。在每 667m$^2$ 面积上施用 500kg 腐熟鸡粪，利用鸡粪分解时产生的有毒物质抑制线虫卵孵化和杀死幼龄线虫。

（3）种植短季速生蔬菜　种植菠菜、芫荽、小白菜等，收获时根内的线虫被带出土壤，减少下茬线虫基数。种植大葱、韭菜等抗、耐病蔬菜，可降低土壤中线虫数量，减轻下茬作物受害。

（4）药剂防治　重病棚室定植前处理土壤。

① 98%棉隆熏蒸处理土壤。将要进行消毒的土壤浇水整地后，一般采用沟施和撒施方法。沟施：按种植行开沟，沟宽20cm，深20cm，在沟内均匀撒施棉隆颗粒剂5～10g/m$^2$，覆土，盖上塑料薄膜，7～10d后揭膜，松土1～2次，过7～10d后种植甜瓜。撒施：整平土地后浇水，使土壤含水量达到田间持水量的60%～70%，然后均匀撒施棉隆颗粒剂20～30g/m$^2$，边撒边立即翻动土壤至15～20cm深，覆膜熏蒸7～10d，揭膜后松土1～2次，再等7d后种植甜瓜。

② 35%威百亩水剂处理土壤。方法为整地后，开行距为15cm、深15cm的沟，按每667m$^2$ 3～5L用量对水浇施，覆盖地膜，7d后揭膜，松土1～2次，再等7d后栽种甜瓜。

③ 50%氰氨化钙颗粒剂处理土壤。最好在棚室夏季休闲期间进行。方法为将50%氰氨化钙颗粒剂（每667m$^2$施用50～75kg）均匀撒在土壤表面，再撒上4～6cm长的麦秸（每667 m$^2$施用600～1 300kg），翻地或旋耕混土深度20cm，起垄，垄高30cm左右，宽40～60cm，垄间距40～50cm。覆盖地膜，四周用土封严，膜下垄沟灌水至垄肩部。要求20cm土层内温度达40℃，维持7d，或37℃气温下维持20d。揭膜后翻地，晾透，然后栽种甜瓜。

**16. 甜瓜笄霉褐腐病**

甜瓜笄霉褐腐病是设施和露地甜瓜生产上重要病害，近年来危害呈上升态势。对甜瓜生产危害较大。除甜瓜外，还可为害西葫芦、黄瓜、烟草等作物。

危害症状：主要为害花和果实，果实脐部残存的花上产生灰白色絮状霉丛，其中夹有灰色至黑色的似大头针状颗粒，引起花变褐软腐，又称花腐。病菌常从花蒂部侵入幼果，并向全瓜扩展，致病瓜外部变褐，湿度大时长出白色至灰色孢囊梗和黑色头状物，造成幼瓜逐渐烂腐，又称果腐，严重时成熟果实也可变褐软化腐败，其上生出灰褐色霉状物。

病原：笄霉褐腐病是由瓜笄霉 *Choanephora cucurbitarum* Thaxt. 侵染引起的真菌病害，属接合菌亚门真菌。

发病规律：病菌主要以菌丝体随病残体或产生接合孢子留在土壤中越冬，翌年甜瓜开花时产生大量小型孢子囊和孢子，借风雨或昆虫传播，从伤口侵染生活力衰弱的花和幼瓜。棚室栽培的甜瓜，在高温高湿或低温高湿、浇水过多或放风不及时易发病，露地甜瓜遇雨日多，日照不足，雨后积水发病亦重。

防治要点：

（1）种子处理　优先选用抗病、包衣的种子，未包衣的种子要用拌种剂或浸种剂消毒。用55℃温水浸泡15min。

（2）轮作与栽培管理　与非瓜类作物进行2年以上轮作。实施高畦或起垄地膜栽培，合理浇水，防止大水漫灌，棚室浇水后要特别注意通风散湿以减少发病。坐果后及时摘除残花、病瓜，装入塑料袋携出田外集中深埋。

（3）药剂防治　病害发生前和发病初期，可喷洒72%霜脲氰·锰锌可湿性粉剂800～1 000倍液，或69%烯酰·代森锰锌可湿性粉剂700倍液，或60%氟吗·锰锌可湿性粉剂800倍液。

**17. 甜瓜煤污病**

甜瓜煤污病是设施甜瓜上常见的病害之一。

危害症状：甜瓜煤污病一般发生在叶面。叶片上初生灰黑色后为炭黑色霉污菌菌落，发病初期零星分布在叶面局部或叶脉附近，随病情发展，叶面上布满煤污菌菌落，少数叶片叶背有稀疏菌落，叶柄也会被感染。发病后期，染病部分叶肉坏死，造成叶片穿孔。

病原：甜瓜煤污病是由一种枝孢菌 *Cladosporium* sp. 引起的真菌病害，属半知菌亚门真菌。

发病规律：主要以菌丝体和分生孢子在病叶上或在土壤中病残体上越冬，设施栽培条件下可周年为害。条件适宜时产生的分生孢子，借浇水及蚜虫、介壳虫、粉虱等传播蔓延。气温高、湿度大的棚室，连阴雨天气容易发病并扩展流行。

防治要点：

（1）改变棚室小气候　使棚室通透性好，浇水后及时放风排湿，防止湿度过高。露地栽培雨后及时排水，防止湿气滞留。

（2）栽培防病　高垄栽培，栽植密度应适宜，及时整枝打杈，降低田间湿度，增强植株抗病力。

（3）药剂防治　及时喷药防治蚜虫、白粉虱及介壳虫。可喷吡虫啉系列药剂和菊酯类药剂，这些药剂均可用来防治蚜虫、白粉虱。病害点片发生阶段可喷施50%苯菌灵可湿性粉剂1 000倍液，或70%甲基硫菌灵800倍液，或47%春雷霉素·王铜800～1 000倍液。

### 18. 甜瓜菌核病

甜瓜菌核病是设施栽培中常见病害之一。

危害症状：苗期和成株期均可发病，甜瓜茎蔓、叶柄、卷须、花、果实均可受害，引起果实腐烂，植株枯死。苗期染病，先是近地面幼茎基部出现水渍状小斑，后变为浅褐色至褐色斑，并环绕全茎导致病苗猝倒。成株期先在植株下部老叶、落花上发病，向叶柄、幼瓜扩展，花受害时呈水渍状软腐，病部以上茎蔓及叶片，因失水而凋萎枯死。幼瓜和成瓜发病，首先脐部变为褐色，呈水渍状软腐，以后向果柄扩展，而后全瓜腐烂。湿度大时，病部软腐，表面长有白色棉絮状霉层，即病原菌的菌丝体，后期可出现鼠粪状的黑色颗粒，即病菌的菌核。

病原：甜瓜菌核病是由核盘菌 *Sclerotinia sclerotiorumw*（Lib.）de Bary 引起的真菌病害，属子囊菌亚门真菌。

发病规律：甜瓜菌核病菌主要以菌核在土壤中或混杂在种子中

越冬，也可在植物残体上越冬或越夏，条件适宜时，菌核萌发产生子囊盘，放出子囊孢子，借气流和雨水传播，危害苗床内的甜瓜幼苗或棚室内的甜瓜植株。此外，带菌肥料和残留于土壤中的病组织接触甜瓜茎蔓基部，也可引起发病。果实受害，大多是花受侵染后向蒂部蔓延引起。菌核不需休眠即可萌发，故在棚室内可周年危害。萌发的最适温度为15℃，85%以上的相对湿度才能生长发育。高温高湿、地势低洼、土壤黏重、排水不良、密度过大、通风透光不良、偏施氮肥均可造成严重发病。甜瓜连作发病也重。

防治要点：

（1）轮作　与禾本科作物实行2年以上轮作或水旱轮作，利用水稻后茬种植甜瓜。

（2）田间管理　施用净肥。棚室或大田施用腐熟有机肥，避免带有病残体和菌核的有机肥进入甜瓜田。注意保温和通风换气，提高植株抗病力。

（3）苗床土消毒　对培育甜瓜幼苗的床土，常用50%多菌灵可湿性粉剂，或58%甲霜灵锰锌可湿性粉剂每$m^2$苗床8～10g，对少量细土拌匀撒在苗床表面，与床土混匀后播种。或用70%敌克松1 000倍液，每$m^2$床面浇灌4～5L药水消毒。

（4）药剂防治　可交替选用以下药剂：50%腐霉利可湿性粉剂1 000～1 500倍液，或50%异菌脲可湿性粉剂1 000～1 500倍液，或65%甲基硫菌灵·乙霉威可湿性粉剂600倍液，或50%乙霉威·多菌灵可湿性粉剂600～800倍液，或2.5%咯菌腈悬浮剂1 000倍液，从始花期开始喷洒，隔10d左右喷1次，连喷2～3次。

## （二）主要害虫及其防治

### 1. 温室白粉虱

白粉虱（*Trialeurodes vaporariorum* Westwood）属同翅目，粉虱

科。主要为害瓜类、茄果类、豆类等。

为害状：成虫、若虫群集叶背，吸食汁液，使叶片褪色、变黄、萎蔫，植株生长衰弱，甚至萎蔫、死亡。另外，成虫、若虫分泌大量蜜露，堆积于叶面及果实，引起煤污病的发生。同时，白粉虱还可传播病毒病。

发生特点：温室外以卵越冬。温室内 1 年发生 10 余代。温室条件下约 1 月 1 代，温室内无滞育或体眠现象。成虫对黄色具有强烈趋性，忌避白色和银灰色。种群数量呈现春秋两个高峰。成虫具趋嫩性，总是随着植株的生长而到顶部嫩叶群居和产卵。因此，随着寄主的生长，成虫向上部叶片迁移，各虫态在植株上呈垂直分布：上部叶片上是新产的绿卵，稍向下部叶片是黑卵，再向下依次为初龄若虫、老龄若虫（伪蛹）和新羽化的成虫。10 月下旬后，由露地向温室内迁移为害。由于温室、塑料大棚和露地蔬菜生产的衔接和交替，白粉虱可周年发生。

防治要点：

（1）农业防治　把育苗床与生产棚室分开，育苗前彻底熏杀残余虫口，通风口用 40 目防虫网密封，培育无虫苗。温室头茬种植白粉虱不喜食的芹菜、蒜黄等作物。避免甜瓜、番茄、菜豆混栽。整枝时摘除老龄若虫集中的下部老叶，深埋或烧毁。

（2）黄色粘虫板诱杀成虫　用 1m×0.2m 大小的硬板，漆成橙黄色，上盖一层塑料薄膜，薄膜上涂一层粘油（用 10 号机油和黄油调成），每 $667m^2$ 放 32～34 块。7～10d 换 1 次薄膜。

（3）生物防治　番茄上每株 0.5 头成虫时，人工释放丽蚜小蜂 3～5 头/株，10d 放 1 次，连放 3～4 次。

（4）化学防治　可选用 2.5% 溴氰菊酯乳油 2 000倍液，或 10% 吡虫啉可湿性粉剂 4 000倍液，或 25% 噻虫嗪水分散粒剂 2 500～5 000倍液，或 2.5% 多杀霉素乳油 2 000倍液喷雾，5～7d 天喷 1 次药，连续防治 2 次。

### 2. 瓜蚜

瓜蚜（*Aphis gossypii* Glover）又称棉蚜，主要为害瓜类蔬菜，均属同翅目蚜科。

为害状：成、若蚜均聚集在叶背或嫩茎上以刺吸口器吸食寄主植物的汁液，分泌蜜露污染瓜秧。可使叶片卷曲皱缩，轻则叶片上绿色不匀或发黄，重则叶片卷曲枯萎。蚜虫除直接取食为害外，还传播病毒病。

发生特点：在北方地区均以卵越冬。早春温度低，蚜量增长慢。到春末夏初，蚜量大增并形成为害高峰。入夏后，由于高温及雨水冲刷，虫口下降。秋天气温渐降，蚜虫又大量繁殖，形成秋季为害高峰。晚秋随气温降低，虫口再度下降。所以，每年有春秋两个发生高峰。蚜虫除直接为害植株外，还可传播病毒病。

防治要点：

（1）农业防治　瓜田要合理布局，减少蚜虫在田间迁飞。

（2）物理防治　利用蚜虫对黄色、橙色的趋性，可利用黄板诱杀蚜虫。利用蚜虫对银灰色的负趋性，用银灰色薄膜覆盖地面，或棚室周围挂银灰色薄膜条，可忌避蚜虫。

（3）化学防治　可选用5%氟啶脲乳油2 000倍液，或50%抗蚜威可湿性粉剂1 500倍液，或70%吡虫啉水分散粒剂7 500倍液，或2.5%溴氰菊酯乳油2 000倍液，或25%噻虫嗪水分散粒剂4 000倍液，喷药时要周到、细致、均匀喷布。

### 3. 美洲斑潜蝇

美洲斑潜蝇（*Liriomyza sativae* Blanchard）属双翅目，潜蝇科，主要为害瓜类、豆类、番茄、马铃薯等蔬菜，寄主范围极广。

为害状：成虫、幼虫均可为害，以幼虫潜叶对寄主造成的损失最大。雌虫在叶片上产卵和取食。幼虫潜入叶片、叶柄为害，蛀成弯弯曲曲的隧道。隧道初为白色，后变褐色，随幼虫成长潜道加宽。由于幼虫为害，叶绿素和叶肉细胞遭到破坏，影响光合作用，使植株发育延迟甚至枯死，造成减产。

发生特点：世代短，繁殖力强。每世代冬季2～4周，夏季6～8周。每年发生多代。雌成虫以产卵器在叶片上刺孔，取食汁液，并产卵于表皮下。雄虫不能刺伤叶片，但可利用雌虫形成的刻点来取食。成虫发生高峰出现在上午。成虫羽化后24h内交尾。卵孵化期2～5d。24℃气温下，幼虫发育期4～7d，幼虫成熟后通常在破裂叶片表皮外或土壤表层化蛹，高温和干旱对化蛹不利。

防治要点：

（1）清除残株　及时清洁田园，残株及杂草集中烧毁。

（2）诱杀成虫　利用成虫对黄色的趋性，在田间放置粘虫板（粘虫板黄色，外涂机油），以诱杀成虫。每667$m^2$可放1m×0.2m大小的粘虫板32～34块。

（3）药剂防治　防治成虫应在羽化高峰的上午进行，可喷洒1.8%阿维菌素乳油3 000倍液，或5%氟啶脲乳油2 000倍液，或40%绿菜宝乳油1 500倍液，或25%喹硫磷乳油1 000倍液。防治幼虫应在2龄前、虫道2cm以内时进行，可喷洒1.8%阿维菌素乳油2 500倍液，或10%吡虫啉可湿性粉剂3 000倍液。因为美洲斑潜蝇易产生抗药性，防治时上述药剂要交替使用。

### 4. 茶黄螨

茶黄螨（*Polyphagotarsonemus latus* Banks）属蛛形纲，蜱螨目，跗线螨科。除为害甜瓜外，还为害番茄、茄子、青椒、菜豆等。

为害状：茶黄螨以成、若螨集中在植株幼嫩部分刺吸为害，造成植株畸形。叶片受害，背面呈灰褐色或黄褐色，有油质光泽，叶缘向背面卷曲；嫩茎受害，扭曲畸形，变黄褐色，严重者株顶干枯；花蕾受害，不开花或开畸形花，不能坐果；果实受害，果柄、萼片、果实变黄褐色，木栓化。由于螨体小，肉眼难以识别，常误认为生理病害或病毒病。

发生特点：在北方温室内可周年为害，世代重叠。成螨活跃，有趋嫩性。当取食部位变老时，雄螨携带雌若螨向幼嫩部位迁移。雌若螨在雄螨体上蜕皮1次变为成螨后，即与雄螨交配产卵。以两性生殖为主，也能营孤雌生殖。卵多散产于幼嫩叶背及果实凹洼处。卵和幼螨对湿度要求较高，只有在相对湿度80%以上时才能孵化和生长。茶黄螨发育繁殖的最适温度为16～23℃。因此，温暖多湿的环境有利于茶黄螨的发生。

防治要点：

（1）栽培管理　前茬收获后，及时清除枯枝落叶，用于高温沤肥。及时铲除田间杂草、野菜。培育无螨秧苗，定植前喷药灭螨。

（2）化学防治　茶黄螨生活周期短，繁殖力强，应注意早期防治。药剂可选用15%达螨灵乳油1 000倍液，或5%噻螨酮乳油2 000倍液，或10%虫螨腈悬浮剂1 500倍液喷雾，喷药重点是植株上部，尤其是嫩叶背面和嫩茎，以及甜瓜的花器和幼果。

**5. 红蜘蛛**

红蜘蛛，又称叶螨。种类有朱砂叶螨（*Tetranychus cinnabarinus* Boisduval）、截形叶螨（*T. truncates* Ehara）及二点叶螨（*T. urticae* Koch），均属于蛛形纲蜱螨目叶螨科。

为害状：以若螨或成螨在叶背吸食汁液。瓜叶受害较为常见，叶片形成橘黄色细斑，严重时干枯脱落。

发生特点：红蜘蛛每年发生代数与温度、湿度和食料有关，一般为10～20代。在北方以雌成螨在杂草、土缝及枯枝落叶中越冬。翌春先在杂草及越冬寄主上取食，再迁移到菜田为害。食料不足时有迁移习性。雌螨产卵于叶背，卵单产。气温28～31℃，相对湿度35%～55%适于繁殖。高温干旱有利于红蜘蛛发生为害。暴雨对其有一定的抑制作用。杂草多的地块，发生重。

防治要点：

（1）农业防治　早春、秋末铲除田边杂草，清除残株枯叶，可消灭越冬虫源。

（2）化学防治　检查虫情，抓住点片发生时施药防治。药剂防治可喷洒 1.8% 阿维菌素乳油 2 000倍液，或 73% 炔螨特乳油 1 000～2 000倍液，或 20% 螨克乳油 2 000倍液，或 5% 氟虫脲乳油 1 000～15 000倍液，7～10d 防治 1 次，连续防治 2～3 次。

**6. 蓟马**

为害甜瓜的主要有黄蓟马 *Thrips flevas* Schrank（又名瓜蓟马、瓜亮蓟马）、棕榈蓟马 *Thrips palmi* Karny（又名棕黄蓟马）等，均属缨翅目蓟马科。蓟马属杂食性害虫，寄主范围极广。

为害状：成虫和若虫均以刺吸式口器吸食植株的心叶和嫩芽汁液，使被害植株嫩芽、嫩叶卷缩，心叶不能张开。生长点萎缩而出现丛生的现象。生长点被害后，常失去光泽，皱缩变黑，不能再抽蔓，甚至死苗。幼瓜受害出现畸形，表面常留有黑褐色疙瘩，瓜形萎缩，出现畸形，生长缓慢，严重时造成落果，对产量和质量影响极大；成瓜受害后，瓜皮粗糙有斑痕，极少茸毛，或带有褐色波纹，或整个瓜皮布满“锈皮”，呈畸形。

发生特点：北方每年发生 6～10 代。主要以成、若虫在未收获的葱、洋葱、蒜叶鞘内越冬，少数以伪蛹在残株、杂草及土中越冬。翌春成虫开始活动为害。成虫活跃、善飞、怕光，白天藏于叶背或叶腋处，早晚、阴天或夜里到叶面取食。多在甜瓜嫩梢或幼瓜的毛丛中取食，少数在叶背危害。雌虫可行孤雌生殖，卵散产于茎叶组织中。初孵若虫群集为害，稍大即分散。1～2 龄是为害盛期。2 龄若虫后期转向地下，在表土中经历“前蛹”及蛹期。最后孵化为成虫。4～5 月为害最重。此虫喜欢温暖干燥的环境，气温 25℃，相对湿度 60% 以下，有利于蓟马发生。

防治要点：

（1）农业防治　清除枯枝残叶，集中销毁。适时栽植，避开危害高峰期。

（2）蓝板诱杀　利用蓟马趋性的特点，在田间设置蓝色粘板，可捕杀蓟马。

（3）化学防治　抓住1～2龄若虫为害的有利时机，施药防治。可选用2.5%多杀霉素悬浮剂1 000倍，或5%氟虫腈悬浮剂2 000倍液，或10%虫螨腈悬浮剂2 000倍液，或70%吡虫啉水分散粒剂1 500倍液喷雾防治。

### 7. 烟粉虱

烟粉虱 *Bemisia tabaci*（Gennadius）属同翅目粉虱科小粉虱属，是一个复合种。在国内分布普遍，寄主范围广泛，寄主植物500余种。烟粉虱有多种生物型，在我国暴发成灾的主要是B型烟粉虱。B型烟粉虱取食量大，繁殖力强，寄主范围广，是一种严重危害瓜菜生产的害虫。

为害状：烟粉虱主要以3种方式危害作物，一是取食植株汁液，引起植株生理异常；二是分泌大量蜜源，污染叶片和果实，引起煤污病，使甜瓜商品性降低；三是传播多种病毒。

发生特点：烟粉虱在适宜的条件下一年粉虱发生11～15代，世代重叠，每代15～40d。在设施栽培中各种虫态均可越冬，露地条件下以卵或成虫在杂草上越冬。成虫可在植株间短距离扩散，种子调运助其远距离传播，可借助风和气流进行长距离迁移。高温干旱条件下发生重。成虫有趋黄性，生长发育适温为21～33℃，低于12℃停止发育，高于40℃死亡。成虫在相对湿度低于60%时不产卵或死亡。每雌虫平均产卵66～300粒，产卵量根据温度、寄主植物和地理种群不同而有较大差异。卵多散产于植株中部嫩叶背面。

防治要点：

（1）农业防治　培育无虫苗为关键防治措施，设施栽培中可应用防虫网，阻止粉虱的进入。调节播种期，可避免敏感作物在烟粉虱为害高峰期受害。及时清除残株和熏蒸残存成虫。

（2）生物防治　有条件的地方，可释放丽蚜小蜂。

（3）药剂防治　烟粉虱的早期防治极为重要，在粉虱发生初期，合理选用农药仍是重要的手段。可选用25%吡蚜酮悬浮剂2 000～2 500倍液，或10%吡虫啉可湿性粉剂2 000～3 000倍液，或20%啶虫脒5 000～10 000倍液，或25%噻虫嗪5 000～10 000倍液，或5%氟虫腈1 500倍液，或25%噻嗪酮1 500倍液喷雾防治。

### 8. 小地老虎

小地老虎 *Agrotis ypsilon* Rottemberg 属鳞翅目夜蛾科，别名黑地蚕、切根虫、土蚕，是迁飞性害虫，分布广，食性杂，可为害多种作物的幼苗或幼嫩组织。

为害状：1～3龄肉虫取食瓜苗嫩尖叶片，3龄以上幼虫取食新鲜嫩芽嫩叶，常咬断幼苗嫩茎，造成缺苗断垄。

发生特点：小地老虎每年发生4～6代。成虫昼伏夜出，有趋光性和趋化性，对糖醋酒混合液趋性强。喜欢在近地面瓜苗叶背、土表或杂草叶片上产卵。幼虫有假死性和自残性，可迁移危害。生长发育适温为8～32℃，最适环境温度为15～25℃，相对湿度80%～90%。当月平均温度超过25℃，不利于该虫生长发育，羽化成虫迁飞异地繁殖。

防治要点：

（1）农业防治　翻耕整地时多耕细耙，消灭表土层幼虫和卵块。及时清除田间杂草，减少虫源。发现缺苗时及时搜寻并消灭幼虫。

（2）物理诱杀成虫　利用成虫趋性，在田间设置电子灭蛾灯、黑光灯或使用糖醋酒混合液诱杀成虫。

（3）毒饵诱杀幼虫　将5kg饵料炒香，与90%晶体敌百虫150g加水拌匀，每667m$^2$用1.5～2.5kg撒施。

（4）药剂防治　防治3龄前幼虫可选用20%杀灭菊酯乳油2 000倍液，或50%辛硫磷500倍液，或20%虫螨腈悬浮剂1 000

倍液，或5%氟虫腈悬浮剂2 000倍液，或1%阿维菌素乳油3 000倍液等药剂喷雾。

**9. 蛴螬**

蛴螬是金龟甲的幼虫，别名白地蚕、白土蚕、核桃虫。成虫通称为金龟甲或金龟子，是鞘翅目金龟甲科幼虫的总称。按其食性可分为植食性、粪食性、腐食性3类。其中，植食性蛴螬食性广泛，为害多种农作物、经济作物和花卉苗木，喜食刚播种的种子、根、块茎以及幼苗，是世界性的地下害虫，危害很大。

为害状：蛴螬喜食刚播下的种子、根及幼苗，造成缺苗断垄。蛴螬咬食幼苗嫩茎，当植株枯黄而死时，它又转移到别的植株继续为害。此外，因蛴螬造成的伤口还可诱发病害。

发生特点：蛴螬发生代数因种因地而异。一般年发生1代，或2~3年1代。在土壤中生活4~5个月，晚上8~9时进行取食等活动。3龄后在30~40cm深土层中越冬。蛴螬有假死和负趋光性，并对未腐熟的粪肥有趋性。蛴螬终生栖居土中，与土壤温湿度关系密切。当10cm土温达5℃时开始上升土表，13~18℃时活动最盛，23℃以上则往深土中移动，至秋季土温下降到其活动适宜范围时，再移向土壤上层。

防治要点：

(1) 农业防治　实行水、旱轮作。不施未腐熟的有机肥，避免成虫在上产卵。精耕细作，及时镇压土壤，清除田间杂草。发生严重的地区，秋冬翻地可把越冬幼虫翻到地表使其风干、冻死或被天敌捕食，机械杀伤。

(2) 药剂处理土壤　用50%辛硫磷乳油200~250g/667m$^2$，对水10倍喷于25~30kg细土上拌匀制成毒土，顺垄条施，随即浅锄，或将该毒土撒于种沟或地面，随即耕翻或混入厩肥中施用；或用2%甲基异柳磷粉剂2~3kg/667m$^2$拌细土25~30kg制成毒土撒施。

（3）药剂拌种　可用20%甲基异柳磷乳油与水和种子按1∶30∶400～500的比例拌种。

（4）毒饵诱杀　用50%辛硫磷乳油50～100g拌麸子等饵料3～4kg，撒于播种沟中，亦可收到良好防治效果。

（5）黑光灯诱杀　有条件地区，可设置黑光灯诱杀成虫，减少蛴螬的发生数量。

**10. 蝼蛄**

蝼蛄俗称喇喇蛄、土狗子等，属直翅目，蝼蛄科，我国常见的是华北蝼蛄和东方蝼蛄两种。华北蝼蛄在我国遍布北纬32度以北地区。东方蝼蛄又称南方蝼蛄，在中国南部发生较重，近几年北方发生也多。

为害状：蝼蛄成虫、若虫都在土中咬食刚播下的种子和幼芽，或把幼苗的根茎部咬断，被咬处成乱麻状，造成幼苗凋枯死亡。由于蝼蛄活动力强，将表土层窜成许多隧道，使幼苗根部和土壤分离，失水干枯而死，造成缺苗断垄。

发生特点：东方蝼蛄在山东、辽宁等地2年发生1代，华北蝼蛄约3年完成1代。两种蝼蛄均以成虫或若虫在地下越冬，其深度取决于冻土层的深度和地下水位的高低，即在冻土层以下和地下水位以上。第二年3月下旬至4月上旬，随地温的升高而逐渐上升，到4月上中旬即进入表土层活动，是春季调查虫口密度和挖洞灭虫的有利时机。在日光温室或大拱棚里，温度上升快，蝼蛄提前为害瓜苗。4月下旬至5月上旬，地表出现隧道，标志着蝼蛄已出窝，这时是结合播种拌药和施毒饵的关键时刻。

防治要点：

①药剂拌种。用瓜类种衣剂拌甜瓜种子，对防治蝼蛄效果良好；也可用50%辛硫磷乳油拌种，用药量为种子重量的0.1%～0.2%；或用40%甲基异柳磷乳油拌种，用量为种子量的0.1%～0.125%，堆闷12～24h即可。

②毒饵诱杀。用药量为饵料的0.5%～1%，先将饵料（麦麸、豆饼、秕谷、棉籽饼或玉米碎粒等）5kg炒香，用90%敌百虫30倍液拌匀，加水拌潮为度，每667m$^2$用毒饵2kg左右。

## （三）主要生理性病害及防治

甜瓜从种子萌动直到果实成熟，会受到多种病害的侵袭。这些病害概括起来可分为两大类：非侵染病害和侵染病害。

非侵染性病害又称生理性病害，它的发生是由不适宜的环境条件和栽培措施不当造成的。甜瓜生理性病害在其发芽期、幼苗期、营养生长期、开花结果期均有发生。如幼苗期表现子叶扭曲、徒长、叶片黄花、凋萎等，开花期花打顶，果实发育期化瓜、小果、凸肚果、裂果、发酵果等畸形变异。

### 1. 甜瓜常见元素缺素症

植物生长所必需的营养元素中，来自土壤的有氮、磷、钾、钙、镁、硫、铁、锰、锌、铜、硼、钼、氯等。它们在植物体内具有各自的生理功能，当其中某种元素缺少或过剩时，将导致植物体内一系列物质代谢和运转的障碍，从而在植物外部形态上表现出某些专一的特殊症状，一般称为“植物营养失调症”，其中，因营养元素缺乏造成的症状叫“植物营养缺素症”。

（1）缺氮　主要症状：

①叶片小，上位叶更小，从叶脉间到全叶黄化，从下位叶向上位叶黄化。

②全株矮小，长势弱，果实小。

③叶片含氮在3.0%～3.5%为正常，低于2.5%则缺氮。但如果下位叶叶缘急剧黄化（缺钾），叶缘部分残留有绿色（缺镁），以上两种情况不是缺氮。

缺氮原因：

①前茬施有机肥少，土壤含氮量低；

②种植前施大量没有腐熟的稻草等秸秆，碳素多，其分解时夺取土壤中氮；

③露地栽培，由于降雨多氮被淋失；

④砂土、砂壤土较易缺氮。

防治方法：

①施用新鲜的有机物时要防止氮不足。用稻草作基肥要增施氮素；

②低温时施用硝态氮效果好；

③施用完全腐熟的堆肥，可以提高地力；

④缺氮严重时叶面喷施0.2%～0.5%尿素液以及时补充氮。

（2）缺磷　主要症状：

①苗期叶色浓绿、发硬、矮化，后期出现褐斑；

②叶片小，稍微向上挺；

③定植后叶色浓绿，下位叶枯死、脱落；

④果实成熟晚。测定叶片含磷量在0.2%～0.4%为正常，低于0.2%则缺磷。

缺磷原因：

①在磷吸收系数高的土壤，如火山灰土，种植甜瓜不久就会出现缺磷；

②堆肥施磷量小，磷肥用量少易发生缺磷症；

③地温常常影响对磷的吸收，温度低，对磷的吸收就少；

④利用大田土育苗，没有施用足够的磷肥，出现缺磷症。

防治方法：

①甜瓜是对磷不敏感的作物。土壤含磷量在150mg/100g土壤以下时，施用磷肥效果显著；

②甜瓜苗期特别需要磷，所以营养土育苗要施用$P_2O_5$1 000～1 500mg/m$^3$；

③施用含磷量充足的堆肥等有机质肥料。

(3) 缺钾　主要症状：

①在甜瓜生长早期，叶缘出现轻微的黄化，在次序上先是叶缘，然后是叶脉间黄化，顺序很明显。特别注意甜瓜叶片发生症状的位置，如果是下位叶和中位叶出现症状，缺钾可能性非常大；

②在生育的中、后期，中位叶附近出现和上述相同的症状；

③叶缘枯死，随着叶片不断生长，叶向外侧卷曲。老叶枯死部分与健全部分的分界线明显。叶片稍有硬化，全叶卷曲；

④出现畸形果多。测定叶片钾含量在2%～2.5%为正常叶，低于1.5%为缺钾。

缺钾原因：

①甜瓜种植在沙土等含钾量低的土壤中易缺钾；

②施用有机质肥料含钾量不足而易出现缺钾症；

③地温低、日照不足、过湿等条件阻碍了甜瓜对钾的吸收；

④施氮肥过多，产生对钾吸收的拮抗作用而缺钾。

防治方法：

①施用足够的钾肥，特别是在甜瓜膨瓜期和成熟期需钾量最高，此时决不可缺钾；

②施用含钾充足有机质肥料；

③如果缺钾严重时可每667$m^2$追施硫酸钾3～4.5kg。

(4) 缺钙　主要症状：

①甜瓜植株上位叶形状稍小，向内侧或向外侧卷曲；

②距生长点近的叶片，叶缘枯死；

③叶脉间黄化，在叶片出现症状的同时，根部枯死。

缺钙原因：

①土壤施氮肥、施钾肥明显偏多时，会阻碍甜瓜对钙的吸收；

②由于土壤干燥，土壤溶液浓度大，阻碍对钙的吸收；

③空气湿度小，蒸发快，水分补充不足时易产生缺钙；

④在缺钙的酸性土壤上，钙成不溶状态造成甜瓜对钙的吸收困难。

防治方法：

①通过土壤诊断，可了解是否存在含钙量明显不足，如不足可施用石灰肥料补充；

②施用石灰类肥料要深施，使其分布在土壤表面下 20～40cm 内的根层内，以利钙吸收；

③避免一次用大量钾肥和氮肥；

④要适时灌溉，保证水分充足；

⑤严重缺钙时，可用 0.3% 的氯化钙水溶液喷洒叶面，每周 1～2 次。

（5）缺镁　主要症状：

①缺镁症状与缺钾症状相似，区别在于缺镁是从叶内侧失绿，并向周围扩展，叶缘为绿色。缺钾是从叶缘开始失绿并向内侧扩展；

②在生育后期，只有叶脉、叶缘残留点绿色外，其他部位全部黄白化。

缺镁原因：

①土壤中含镁量低，如在沙土、沙壤土上栽培甜瓜易发生缺镁症；

②钾、氮肥用量过多，阻碍了对镁的吸收。尤其是设施栽培偏施氮、钾肥过剩时，缺镁症状更加严重。

防治方法：

①测定土壤诊断可了解是否存在缺镁情况，如果存在缺镁严重时，可在甜瓜定植栽培前，底肥要施入足够的含镁肥料；

②注意土壤中钾、钙等的含量，保持土壤适当的协调平衡；

③避免一次性施用过量的钾、氮等肥料；

④严重缺镁时，可用 0.1%～0.2% 硫酸镁水溶液，喷洒甜瓜叶面，每周 1～2 次。

（6）缺锌　主要症状：

①甜瓜植株从中位叶开始褪色，与健康叶比较，叶脉清晰可见；随着叶脉间逐渐褪色，叶缘从黄化到变成褐色，叶片向外侧稍

微卷曲。上位新叶一般不发生黄化；

②缺锌症与缺钾症类似，叶片黄化。缺钾是叶缘先呈黄化，渐渐向内发展；而缺锌，渐渐向叶缘发展。二者的区别是黄化的先后顺序不同；

③缺锌症状严重时，生长点附近节间短缩。植株叶片硬化程度加重。

缺锌原因：

①植株在光照过强时易发生缺锌；

②若吸收磷过多，植株即使吸收了锌，也表现出缺锌症状；

③土壤 pH 高，即使土壤中有足够的锌，但由于锌不溶解，也不能被作物吸收利用。

防治方法：

①土壤不要过量施用磷肥；

②正常情况下，缺锌时可以施用硫酸亚锌，每 $667m^2$ 追施 1～1.3kg；

③严重缺锌时可用硫酸锌 0.1%～0.2% 水溶液喷洒叶面。

（7）缺硼　主要症状：

①仔细观察甜瓜植株上位叶叶脉时，有萎缩现象，上位叶向外侧卷曲，叶缘部分变褐色；

②生长点附近的节间显著缩短，植株生长点停止生长发育、生长点附近的叶片萎缩、枯死；

③其症状与缺钙相类似，但缺钙叶脉间黄化，而缺硼叶脉间不黄化；

④甜瓜果实上有污点，果实表皮出现木质化。

缺硼原因：

①在酸性的沙壤土上种植甜瓜时，一次性施用过量的石灰肥料，易发生缺硼症状；

②土壤干燥影响甜瓜对硼的吸收，易发生缺硼症；

③土壤有机肥施用量少，在土壤 pH 高的设施栽培也易发生

缺硼；

④施用过多的钾肥，影响了对硼的吸收，易发生缺硼症。

防治方法：

①测定土壤诊断若缺硼，可以预先施用硼肥；

②要适时浇水，防止土壤过度干燥；

③不要过多的施用石灰肥料；

④土壤要多施有机肥，提高其肥力；

⑤严重缺硼时可以用0.12% ~0.25%的硼砂或硼酸水溶液喷洒叶面。

**2. 甜瓜营养生长阶段常发生的生理性病害**

（1）子叶扭曲　主要症状：甜瓜子叶出土时发育不良，子叶表现扭曲，在冬季和早春季播种出苗后发生较多。其主要原因是在甜瓜出苗时受低温和土壤干燥的影响而引起的。防治方法是提高苗床的温度和湿度，使种子顺利发芽，防止子叶发育异常。

（2）叶枯　主要症状：

①果实膨大期，在果实着生部位附近的叶片上，发生叶烧变白或组织褐变枯死，并且逐渐扩大；

②叶枯往往在连续阴雨转晴开始发生。

主要原因：

①土壤干燥，土壤溶液浓度过高，土壤盐分积聚，导致甜瓜根系吸水受阻和困难，容易发生叶枯症；

②甜瓜植株缺镁，易发生叶枯，枯死部位表现在叶片上不固定，有时在叶缘，有时在叶脉间，有时在叶尖上；

③甜瓜嫁接栽培由于砧木选择不当，砧木和接穗亲和性差，嫁接苗愈合不良，容易引起叶枯症。

防治方法：

①减少叶枯病的发生首先是深耕，增施腐熟的有机肥料，改良土壤通气结构，改善根系的生活条件；

②定植栽培时选择适龄壮苗，适时定植；

③生长前期加强土壤管理，促进根系的生长；

④嫁接育苗时选择亲和力强的砧木；

⑤如果是甜瓜缺镁引起的，每周以1% ~2%的硫酸镁溶液喷施1~2次，减轻症状。

（3）凋萎　主要症状：甜瓜果实采收前，有时在中午会出现叶片凋萎，傍时时又恢复正常，第二天中午又出现叶片凋萎，晚上叶片再也不能恢复正常而枯死，观察根部并没有发现枯萎病病菌。

主要原因：

①土壤为沙壤土，保水性差，土壤干燥，利用塑料钵育苗时幼苗根量少且易老化，移植时根系发育不良时容易发生。

②整枝过度，留1~2侧枝的不易发生凋萎，没有侧枝的则易发生。

③温室栽培时棚温高，土壤干燥等影响根系吸收活力，均将加剧甜瓜凋萎的发生。

④甜瓜营养生长期转入生殖生长期时，营养生长阶段植株发育不良，根的发育趋于停滞，根的吸收能力降低。当果实膨大盛期，必然要从根部吸收大量水分、养分，因根系不能满足而导致凋萎。

防治方法：

①甜瓜宜选择保水肥力强的土壤栽培，并施用腐熟有机肥，适当灌水。

②培育根系发育良好的幼苗，当外界气温非常低时，增加设施保温、增温和保水等措施，促进根系生长，为中后期茎叶生长和果实发育奠定基础。

③棚温管理方面应避免高温及土壤干燥。根据植株的生长状态确定坐果节位和结果数。前期根量少、生长弱的植株，坐果节位要高一些，且坐果数不宜过多。

（4）甜瓜黄化叶　主要症状：

①甜瓜早春茬栽培时，叶片黄化多发生在其植株的上、中位叶

上，植株的中、上位叶叶片急剧黄化；

②早晨，叶片背面有水浸状，中午这种水浸状症状消失；

③数日后，水浸状部位渐渐黄化，最后全叶黄化；

④地上部分出现黄化症状时，可以观察甜瓜根部，黄化叶的植株其根部数量一般明显减少。

主要原因：

①这种症状仅限于低温、长势弱的甜瓜品种中发生严重。

②黄化叶的叶片中某些单一元素含量不足，如氮、钙、镁、锰；而另些元素含量又偏高，如碳素偏高，营养元素之间不平衡，可通过试验方法检测叶片这些元素含量多少确定病因。

③甜瓜生长期间遇到低温期光照不足或多肥多水。

防治方法：严格控制水肥管理，肥料不宜太多。

### 3. 甜瓜生殖生长阶段常发生的生理性病害

（1）甜瓜花打顶　在甜瓜苗期或定植初期最易出现花打顶现象，又叫花抱头，其主要症状表现为生长点不再向上生长，生长点附近的节间长度缩短，即在靠近甜瓜植株的生长点的小叶片密集，各叶腋出现大量雄花生长开放，造成封顶的花簇现象。

主要原因：

①干旱：苗期水分管理不当，控水蹲苗过度造成小老苗现象。定植后遇土壤干旱，地温高，浇水不及时，新叶没有及时长出来，导致花打顶。

②肥害：定植时施肥量大，肥料未腐熟或没有与土壤充分混匀，或一次施肥过多（尤其是过磷酸钙），容易造成肥害。同时，如果土壤水分不足，溶液浓度过高，使根系吸收能力减弱，幼苗长期处于生理干旱状态，也会导致花打顶。

③定植后前期温度低，且昼夜温差大，致使叶片中白天光合作用制造的养分不能及时输送到其他部分而积累在叶片中，使叶片浓绿，皱缩，造成叶片老化，光合机能急剧下降，导致甜瓜植株因营

养生长受到抑制而生殖生长过快出现花打顶。

④伤根：在土温低于 10 ~ 12℃，土壤相对湿度 75% 以上时，低温高湿，造成沤根或分苗时伤根，长期得不到恢复，植株营养不良，出现花打顶。

⑤药害：喷洒农药过多、过频造成较重的药害。

防治方法：

①合理调控温度：防止温度过低或过高，及时松土，提高地温，必要时先适量施肥、浇水，再松土提温，以促进根系发育。

②合理运用肥水：设施甜瓜栽培，施用有机肥时要充分腐熟，防止因施肥不当而伤根。适时适量浇水，避免大水漫灌而影响地温，造成沤根。

③田间中耕、除草、划锄等操作，注意尽量不要伤根，保持甜瓜根系完整，以保证吸收肥水的功能。

④已出现花打顶的植株，应适量摘除雌花，应立即关闭天窗保温。同时，喷施 0. 5% 的尿素并加用磷酸二氢钾 300 倍液以促其生长。出现烧根型花打顶时，及时浇水，使土壤持水量达到 22%，空气相对湿度达到 65% 时，及时中耕，不久即可恢复正常。

（2）化瓜　主要症状：甜瓜授粉后刚坐的小瓜黄化干瘪，直至脱落的现象叫做化瓜。

主要原因：

①授粉受精不良或没有用生长调节剂蘸花；

②幼瓜营养不良。

防治方法：

①施足底肥，保证营养供给；

②培育壮苗，使幼苗有较好的吸收营养能力；

③合理密植，保证植株足够的营养面积；

④采用昆虫授粉或人工辅助授粉，也可用生长调节剂蘸花，促进果实膨大。

（3）肩果　主要症状：无网纹和白皮甜瓜肩果发生较多。肩果是在靠近果梗部分发育不良，从侧面看像梨的果形。

主要原因：

①前者是花芽分化期缺钙而形成畸形；

②氮肥过多，造成植株生长旺盛，植株同化养分仍输入生长点，幼嫩子房得不到充足的营养而畸形多；

③用植物生长调节剂处理易发生肩果，这与植物生长调节剂喷布不均匀有关。

防治方法：

①在育苗阶段加强管理，促进植株正常花芽分化；

②注意施肥量，避免植株生长过旺，坐果后及时施肥；

③根据坐果部位幼果的形状，定果时摘除果形不正和过多的幼果，以保证保留的果实得到充足的同化养分而正常发育；

④用植物生长调节剂处理促进坐果时，应注意药剂喷布均匀。

（4）光头果　网纹甜瓜果实表面硬化以后，随着果实内部的发育，使果实表面开裂，产生裂纹。光头果网纹型甜瓜果面常见的一种生理病害，主要症状为网纹甜瓜网纹果面上不长网纹或部分生长网纹。另一种情况是网纹甜瓜果实硬化后果实膨大不良，网纹也不发生，形成小果型的光头果。

主要原因：

①网纹甜瓜果实发育过程中果实内部生长减弱，夏季栽培因高温、多湿，果实的膨大良好，果面硬化推迟造成光头果；

②甜瓜坐果节位过高，产生的光头果较多；

③冬季在光照不足，低温，植株营养不良的情况下易产生光头果。

防治方法：

①保持植株正常生长，使其在适当节位结果；

②开花后 10 ~ 13d 内节制浇水，促使果实表面的硬化，夜间应通风换气，使果实表面形成裂纹，防止光头果的产生。

（5）发酵果　甜瓜果实出现发酵果有两种情况：一是果实生

理成熟后，果肉和瓜瓤呈水浸状，肉质变软，胎座部分逐渐发酵产生酒味和异味。二是采收时成熟度过高，如果梗自然脱落或采收过程中受到挤压组织损伤易产生发酵果。

主要原因：

①植株缺钙是产生发酵果的最主要原因，缺钙导致果实细胞间很早就开始解体，变成发酵果，又称心腐果；

②氮肥施用过多，长时间高温、干燥，根系发育不良，生长弱，都容易引起发酵果。

防治方法：

①合理施肥，不偏施氮肥，培育壮苗，适时中耕，保持植株的生长势；

②叶面喷施补充钙肥，保证植株对营养元素的均衡营养，避免出现长时间高温环境；

③适时采收，可防止发酵果的发生。

（6）裂瓜　甜瓜果实表面产生龟裂，多数是从果肉较薄的花痕部开始。

主要原因：

①水分供给不均衡，前期过度干旱缺水导致果实生长缓慢，果皮老化变硬，而后期给水多，特别是给大水后内部果肉细胞迅速生长胀破果皮；

②阳光直射导致果皮变硬的植株易发生裂瓜；

③某些品种抗裂性差，极易裂果。

防治方法：

①选择抗裂品种；

②均衡供水，防止土壤水分突变，在土壤干旱的情况下浇水，一定要注意水量不能过大；

③用叶片盖瓜，避免阳光直射果实表面导致果皮硬化。

### 4. 甜瓜其他生理性病害

（1）冻害　低温季节温室两头漏风处、门缝处瓜秧最容易受冻害，首先是叶缘受冻后停止生长。

（2）光热害　表现为强烈阳光照射及强日照下高温造成的损害引起果实表面硬化、变黄、凹陷，形成日灼果。防治方法：一是选用耐高温品种；二是合理密植，用叶片遮瓜，避免阳光直射果面。

（3）有毒气体造成的损害　最常见的是设施内冬季生火加温产生的一氧化碳气、二氧化硫和施肥不当产生的氨气、亚硝酸气以及空气中的其他有毒气体所造成的损害，表现为植株中部叶边缘或脉间黄化、干枯，叶、茎和果实上出现失绿白斑、褐斑、枯斑等受害症状，有时是毁灭性的，不但造成甜瓜叶、花、果畸形，而且还会直接导致甜瓜落花、裂果、落果。

# 十、新技术在设施甜瓜优质高产高效栽培中的应用

## （一）设施甜瓜有机基质无土栽培技术

有机基质栽培结合施用无机化肥是近年来新兴的一种无土栽培技术，它的独特之处是不用土壤而使用有机基质，不用营养液而用无机化肥，并且用清水直接灌溉。因而此种栽培方式具有成本低，技术简单，易于进行标准化管理，产品品质好等特点，其发展前景远远超过了传统的营养液型无土栽培。作者近年来通过对日光温室有机基质栽培厚皮甜瓜基质栽培形式及施肥技术的研究，总结形成了设施厚皮甜瓜有机基质栽培技术规程。

### 1. 栽培设施及准备

日光温室及大拱棚内进行甜瓜有机基质无土栽培，首先要进行栽培槽、供液供肥系统和有机基质的准备。

（1）栽培槽　将棚室内地面整平后，按1.5m左右槽距，挖制上口宽、底宽、高分别为35cm、25cm、25cm的栽培槽。栽培槽横断面为等腰梯形，与土壤不隔离，槽间可铺盖地膜。

（2）供水供肥系统　采用性能优良的微滴灌系统，每个槽内铺1条微滴灌带或滴灌管，注意保持滴水孔的畅通。微滴灌可与配套的施肥器相连，实现肥水一体化管理。追施的化肥应采用易溶解的冲施肥。

（3）有机基质　有机基质栽培的养分主要来源于有机肥，部分来自化肥。有机肥可因地制宜采用充分腐熟的鸡、牛、羊、猪粪

等或发酵烘干的颗粒有机肥，也可采用发酵的作物（玉米、小麦等）秸秆。畜禽粪便均需晾干后捣细施用。常用栽培基质配方（体积比）有：发酵稻壳：腐熟鸡粪：河沙 =3：1：1，发酵稻壳：腐熟鸡粪：腐熟牛粪：河沙 =3：1：5：3。

新稻壳表面附着易发酵物质，可与少量鸡粪混合喷湿后，盖膜封闭发酵 10～15d，晾干备用。稻壳直接利用会因短暂发酵放热而导致烧苗。

**2. 品种选择及育苗**

同常规管理。

**3. 定植**

（1）定植前棚室消毒　棚室在定植前要进行消毒，每 667$m^2$ 用 80% 敌敌畏乳油 250g 拌上锯末，与 2 000～3 000g 硫磺粉混合，分 8～10 处点燃，密闭一昼夜，放风后无药味时再定植。

（2）定植方法和密度　秧苗 3 叶 1 心时定植。定植前 3～4d 将栽培槽浇透水，定植前 1d 秧苗浇 1 次水，采用暗水座苗法，每槽定植 2 行，株距 40cm，每 667$m^2$ 定植 2 100～2 200株左右。

**4. 定植后的管理**

（1）棚温管理　棚温管理同常规管理。

（2）水肥管理　基质中养分充足，整个生育期只需在结果初期和盛果期追肥 2 次。定植后至伸蔓前，应控制浇水，以免降低地温，影响幼苗根系发育。至结果初期，可随水追施一次氮肥，适当配合磷、钾肥，每 667$m^2$ 追施尿素 15kg、磷酸二铵 15kg。幼瓜鸡蛋大小时，进入膨瓜期，可每 667$m^2$ 追施硫酸钾 10kg、磷酸二铵 20kg，随水冲施。此肥水后，尽量不浇水，如土壤干燥，也只能浇小水。

（3）整枝打杈　栽培过程应严格整枝，实行吊秧栽培。在25～30片叶时摘心。可采取单层留瓜或双层留瓜。单层留瓜在主蔓的第11～15节留瓜；双层留瓜在主蔓的第11～15节、第20～25节各留一层瓜。

（4）保花保果　在预留节位的雌花开放时，人工授粉。当幼果长至鸡蛋大时，应选留瓜。一般小果型品种每层可留2瓜，而大果型品种每层只留1个。当幼瓜长到0.25kg以前，应及时吊瓜。

#### 5. 主要病虫害防治

有机基质型无土栽培避免了植株与土壤接触，很少有土传病害的发生，同时环境条件可人为调控，也减少了染病机会。但在后期也应加强地上部病害如霜霉病、白粉病、灰霉病、炭疽病等防治，同时注意防治蚜虫、白粉虱、红蜘蛛、美洲潜叶蝇等。

#### 6. 采收

有机基质无土栽培的甜瓜，属于高档果品，因此采收要求严格。不同品种自开花至成熟的时间差异很大，栽培时可在开花坐果时做出标记，达到成熟日期进行采收。采收前10～15d停止浇水，以利提高品质。采收应在早上温度较低，瓜表面无露水时进行。采收及装运过程中要轻拿轻放，以减少机械损伤。

#### 7. 基质消毒和重复利用

夏季换茬时，可在栽培槽中直接按旧基质：腐熟鸡粪（晾干捣碎）＝10∶1的比例添加腐熟鸡粪，并每667$m^2$添加80kg氰氨化钙，与旧基质充分混匀后浇透水，然后盖严塑料薄膜，密封温室10～15d消毒。消毒后揭去塑料薄膜，将基质重新翻松晾晒5～7d，即可进行下一茬甜瓜栽培。

## （二）秸秆生物反应堆技术

秸秆生物反应堆技术是指在日光温室或大拱棚等设施瓜菜生产过程中，利用微生物分解大田农作物的秸秆（如玉米秸等）过程中，产生瓜菜等作物生长所需的热量、二氧化碳、无机和有机营养成分的技术。它是在常规秸秆发酵技术的基础上，运用生物技术，科学添加生物活性物质（菌剂）发展而来的土壤质地改良、秸秆综合利用、连作障碍治理、土壤健康保持与修复、增产增效的创新型技术。应用该技术具有提升地温、增加 $CO_2$ 含量，提高产量、改善品质、减轻土壤连作障碍的作用，同时也可为农村大量农作物秸秆的综合利用开辟新途径。

### 1. 秸秆生物反应堆技术产生的功效

该项技术产生的功效主要表现在以下几个方面。

一是增加棚室二氧化碳。应用秸秆生物反应堆的棚室棚，$CO_2$ 的浓度低的在 900mg/kg，高的可达 1 900mg/kg，$CO_2$ 浓度比普通大棚和日光温室提高 4 ~6 倍。$CO_2$ 浓度的提高，在同样光照强度的情况下，光合效率就会提高，也就必然会使棚室瓜菜的产量提高。该方法有效解决当前棚室生产由于 $CO_2$ 亏缺致使产量不能大幅度提高且其他办法施用 $CO_2$成本高的难题。

二是提高地温。作物秸秆在分解过程中除释放 $CO_2$ 外，每 1kg 秸秆还放出 3 000多千卡的热量，应用内置式反应堆效果更明显。据测定，20cm 地温能提高 4 ~6℃，低温提高 2 ~3℃，能有效解决由于地温低而制约棚室瓜菜正常生长的难题。早春可提前 10d 播种、定植，上市期提前 10 ~15d，产品价格高，效益好。

三是生物防治病虫害。秸秆生物反应堆所用的专用菌种中有 16 种有益微生物，它们在分解秸秆的同时，能繁殖产生大量抗病微生物及其孢子，它们有的能抑制病菌生长，有的能杀灭病菌。采用这项技术，能防治线虫及土传病害，可减少农药用量 60% ~ 70%，能有效解决大棚生产重茬、病害重的难题。

四是改良土壤环境。棚室应用秸秆反应堆技术，土壤有机质、腐殖质、微生物量、通气性、保水保肥能力得到显著提高和改善。秸秆分解总要剩下一些残渣，大体上是秸秆总量的 13%，这些残渣里面含有大量的有机质，会使土壤变得肥沃而且松软，为根系生长创造了优良的环境。除此之外，秸秆中还含有大量抗病微生物和矿质营养，从而改善土壤的营养状况。

五是提高资源综合利用效应。应用秸秆生物反应堆技术，可提高作物对自然资源的综合利用效率。据测定，在 $CO_2$ 浓度提高 4 倍时，作物光利用率提高 2.5 倍，水利用率提高 3.3 倍。

总之，应用秸秆生物反应堆技术对解决棚室瓜菜因缺 $CO_2$ 不能继续提高产量、冬天地温提不上来、土壤板结盐渍化、病虫害越来越重的问题有重要的促进作用。

**2. 应用秸秆反应堆技术的原料准备**

（1）秸秆及其他物料　每 667m² 用干秸秆 3 000 ~ 4 000kg，麦麸 120 ~ 160kg，饼肥（棉子饼、花生饼、豆饼等）100kg。严禁使用鸡、猪、鸭等非草食动物粪便。研究证实，非草食动物粪便是线虫和许多病害的传播媒体，易导致枯萎病严重发生。

（2）菌种　每 667m² 用菌种 8 ~ 10kg。为使菌种撒放均匀，应进行拌种。具体方法是 1kg 菌种加 20kg 麦麸，1kg 麦麸加 0.8kg 水，先把菌种和麦麸干着拌匀再加水，加水量以用手轻握不滴水为宜，避光存放，并且注意防冻。

（3）植物疫苗　每 667m² 用疫苗 2kg。一般在定植前 7 ~ 8d 进行疫苗处理。方法与拌菌种相同。为了能均匀接种疫苗，最好 667m² 添加麦麸 100kg、饼肥 50kg 加水拌匀，用手一攥，手指缝滴水为度，然后再与植物疫苗混拌均匀，摊放于室内或阴暗处，堆放 10h，温度控制不超过 50℃，然后摊薄至 8cm，放置 8d，期间要翻料2～3次。

### 3. 操作应用方式

该技术操作应用主要有3种方式，即内置式、外置式和内外结合式三种。其中内置式又分为行下内置式、行间内置式。选择应用方式时，主要依据生产地种植品种、定植时间、生态气候特点和生产条件而定。目前，应用较为普遍的是行下内置式。

### 4. 操作方法

以下以行下内置式反应堆为例对操作方法加以说明。

(1) 填放秸秆　瓜苗定植前30d，大拱棚、日光温室覆盖薄膜。在甜瓜种植行处开沟，沟宽60cm、深30cm，起土分放两边，把准备好的秸秆填入沟内，铺匀、踏实，填放秸秆高度为30cm，每沟两端露出秸秆长度10cm，以便于秸秆反应堆透气。秸秆必须踏实后方可覆土，否则栽培中后期垄面容易出现塌陷现象，不利于生产管理。把饼肥和用麦麸处理好的菌种均匀撒在秸秆上，用铁锹轻拍一遍，让菌种进入秸秆层中，将沟两侧的土回填于秸秆上，回填土层厚度以20cm左右为宜，如土层过厚，秸秆发酵后产生的热量向上传导较慢，地温升高不明显；如土层过薄，植株根系过早接触地下秸秆，易产生“烧根”现象，导致茎叶变黄。

(2) 浇水、打孔　在管理行内浇水湿透秸秆，水面高度达到垄高的3/4。3～4d后，用14号钢筋在定植穴上打孔，行距30cm，孔距20cm，孔深以穿透秸秆层为准，促使秸秆发酵升温。

(3) 植物疫苗接种　将上述处理好的疫苗均匀撒在垄上，并与10cm的表层土拌匀，平垄，并重新打孔。

(4) 甜瓜定植　在高垄上双行定植，行距、株距根据定植密度而定，定植后浇缓苗水并在垄上打孔，缓苗后覆膜，覆膜后再打孔。

### 5. 使用注意事项

秸秆生物反应堆应用注意事项如下。

一是秸秆用量要和菌种用量搭配好。菌种用量要足，否则作物秸秆不易降解，达不到应有的效果。同时，填入秸秆后的第一次浇水要足。个别年份大田玉米螟为害较重，冬季玉米秸铺入地下后玉米螟爬出土壤，为害瓜菜。可以选用玉米螟发生较轻地块的秸秆作原料，也可以事先对秸秆撒施敌百虫等药剂杀灭玉米螟，然后再填入沟内。

二是浇水时不要冲施化学农药。不能往秸秆中直接灌入杀菌剂，但可以用药液灌根，每株瓜苗灌液量控制在200～250ml，不可过大，以防药液渗到秸秆上伤害菌株。

三是关于打孔问题。打孔必须在埋入秸秆后7d以内（一般3～4d）进行，否则容易造成地下菌种的缺氧死亡。浇水后3～4d要及时打孔，要打到秸秆底部。浇水后孔堵死要重新打孔，地膜上也要打孔。

四是肥水管理要求。应用秸秆反应堆的甜瓜在坐瓜前不必浇水、追肥。在坐瓜后到幼瓜长到鸡蛋大小时要浇催瓜水，同时每667$m^2$冲施浸泡7～10d的豆粉、豆饼等有机肥20kg、硫酸钾复合肥10kg。

## （三）甜瓜果实套袋技术

套袋技术在果树上的应用早已普遍。套袋能改变果皮的外观性状，增加果实光洁度，果面病斑少且小。在设施甜瓜栽培中，棚室内温度高，湿度大，容易导致细菌性角斑病、蔓枯病、灰霉病等病害的发生以及棉铃虫、蚜虫等害虫蛀食果实，通过药剂防治这些病虫害会对甜瓜果实造成一定程度的农药污染。蚜虫等害虫分泌物还会污染果实，另外，还有尘土的污染等，这些污染降低了甜瓜果实的商品外观和市场价值。近年来，瓜菜上也已开始应用果实套袋技术，证明其在提高商品性上效果显著。现根据作者多年的研究，提出甜瓜果实套袋的技术要点。

**1. 适宜套袋的季节**

正常情况下，秋冬茬、冬春茬栽培可套袋。夏茬高温季节，套袋后袋内温度太高，果实发育不良，故该季节一般不套袋。

**2. 套袋种类的选择与处理**

以不同类型的果袋，即红色、黄色、绿色、蓝色、白色、无色、黑色塑料膜袋和白木浆纸袋、白色硫酸纸袋共 9 种果袋的试验研究表明，各种果袋均能有效地减少“金玉”甜瓜（黄色果皮、表面光滑品种）果皮褐斑、磨痕和果瘤的数量，均能使果面洁净有光泽，显著提高了其外观品质。其中，黑膜袋可明显抑制果实的着色（表 19）。结合不同果袋对单果重的影响（图 12），生产上可以选用白色薄膜袋或无色薄膜袋、木浆纸袋、硫酸纸袋，有条件的还可选用双层纸袋。

**表 19　不同果袋对“金玉”甜瓜果实外观的影响**

| 果袋类型 | 褐斑数（个/瓜） | 磨痕数（个/瓜） | 果瘤数（个/瓜） | 外观性状描述 |
|---|---|---|---|---|
| 蓝膜袋 | 2 | 0 | 0 | 黄色，洁净，有光泽 |
| 红膜袋 | 4 | 1 | 0 | 浅黄色，洁净，有光泽 |
| 绿膜袋 | 3 | 0 | 0 | 深黄色，洁净，有光泽 |
| 黄膜袋 | 3 | 1 | 0 | 浅黄色，洁净，有光泽 |
| 黑膜袋 | 2 | 1 | 0 | 浅黄透白，洁净，有光泽 |
| 白木浆纸袋 | 1 | 1 | 3 | 浅黄色，洁净，有光泽 |
| 硫酸纸袋 | 3 | 1 | 0 | 浅黄色，洁净，有光泽 |

（续表）

| 果袋类型 | 褐斑数（个/瓜） | 磨痕数（个/瓜） | 果瘤数（个/瓜） | 外观性状描述 |
|---|---|---|---|---|
| 白膜袋 | 2 | 0 | 0 | 浅黄色，洁净，有光泽 |
| 无色膜袋 | 4 | 1 | 0 | 黄色，洁净，有光泽 |
| 对照（不套袋） | 17 | 5 | 7 | 黄色，较洁净，光泽较差 |

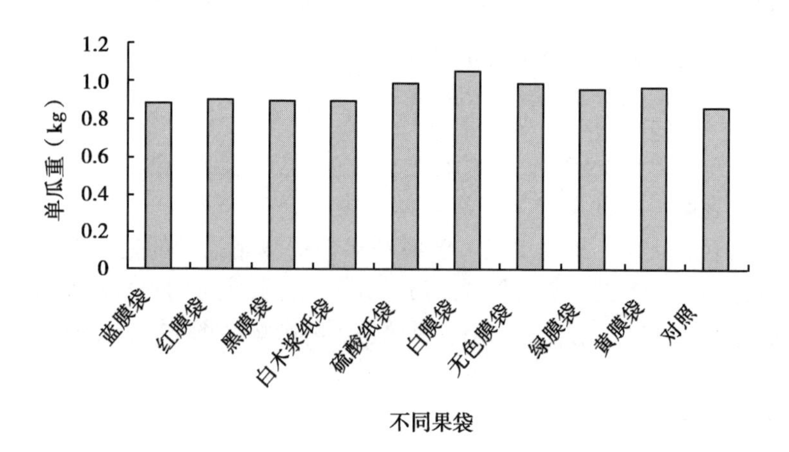


**图12　不同果袋类型对“金玉”甜瓜单果重的影响**

从生产优质安全甜瓜产品的角度，不宜选用报纸做袋包裹甜瓜果实，因为报纸容易造成果面污染。

套袋大小以长35～45cm、宽25cm左右为宜。套袋前先在袋底边靠两个角处用剪子剪开两个小口，以便将果实呼吸散发的水分及时排出，同时也能预防袋内温度过高和感染病害。

### 3. 适宜套袋的品种类型

根据多年试验，黄色果皮、白色果皮且表面光滑的厚皮甜瓜品种适合套袋。而网纹甜瓜品种不适合套袋，主要原因是网纹品种套袋后，在网纹形成过程中裂纹处容易积水而变黑，同时套袋后的网纹颜色变淡，造成商品性下降。

**4. 套袋时期**

当甜瓜长到鸡蛋大小时（胎毛脱落以后），即授粉后7d左右为套袋适宜时期，套袋过早操作时易损伤幼瓜。

**5. 套袋方法**

套袋前，把果蒂上的残花摘除后方可套袋，以免残花被灰霉等病菌侵染，继而感染果实。选择生长周正、健康无病瓜套袋。取塑料薄膜袋或纸袋，先用手将袋撑开，一手拿袋，一手拿果柄，将袋自幼瓜下端向上轻轻套在瓜上，并将套袋上端折叠封口，用袋边预设计的铁丝将袋口扎紧即可。套袋时动作一定要轻柔，尽量不要损伤瓜体上的茸毛，以免影响果实生长和感染病害。

**6. 去袋及收获**

有研究者认为，甜瓜在成熟前提早去袋，可以促进甜瓜的糖分积累，增加甜瓜含糖量，故提出要在甜瓜成熟前5～7d去袋见光，成熟后采摘上市。但据作者以黄皮瓜“金玉”、白皮瓜“鲁厚甜2号”为试材、以硫酸纸袋套果实的试验证明，提早5d、7d去袋的与不去袋的相比，提前去袋均降低了甜瓜果实的维生素C、可溶性糖、总糖、可溶性蛋白等的含量，但提前去袋却高于一直不套袋的果实（对照）。据此，甜瓜套袋栽培中，不应该提前去袋，可根据品种授粉后所需天数，在成熟时采摘（在授粉时做出标记）。长途运输可在八至九成熟时采摘。采摘时将果蔓剪断，留2片新鲜叶，连同套袋运输，以利于保鲜，保证甜瓜的新鲜度和品质。

## （四）甜瓜蜜蜂授粉技术

由于设施甜瓜处于与外界相对隔离的环境，特别是冬春季节，缺少自然授粉昆虫，过去通常采用人工授粉、激素蘸花处理等手段保果，这些方法虽有一定的效果，但需要花费大量的劳动力，生产成本过高。而且，经蜜蜂授粉后的雌花而发育成的果实外观周正，中后期果实生长速度加快，膨大快，形成种子多，籽粒饱满，成熟期提前。因此，甜瓜蜜蜂授粉技术越来越受到瓜农的重视。甜瓜蜜蜂授粉技术要点如下。

**1. 授粉前的准备**

（1）蜜蜂授粉前管理　甜瓜生产的棚室土壤进行冬前深耕并灌水，通过风化晒垡疏松土壤，消灭地下害虫、病菌和杂草。棚室提早20～30d扣棚暖地，并用甲醛或硫磺进行土壤消毒。

蜂群搬进棚室之前，对棚室甜瓜要进行一次全面检查，做好病虫害的防治工作，以免蜜蜂进棚室后发现病虫再防治，导致蜜蜂中毒。喷药后第二天将通风口打开，使棚室内的有害气体散发掉，同时将喷洒农药用的器具拿出，农药残效期过后再将蜂群搬进棚室。

（2）选择授粉蜂群　选择蜂王产卵好，群内饲料充足的蜜蜂作为授粉蜂群。租赁蜜蜂授粉时，尽量选择蜂群强的新蜂王种群。

（3）创造授粉环境　在棚室内中部搭一蜂箱架，架高30cm，长55cm，宽45cm，并准备好专用的授粉蜂箱及巢门饲喂器。在棚室的放风口遮挡防虫网，防止蜜蜂从通风口飞出后无法返回。

（4）授粉前蜂势调整　授粉前选择晴好天气，将蜂群搬入空棚室中飞行排泄1～2d，以免进棚后排泄污染甜瓜茎叶，然后根据棚室规模对蜂群进行群势调整。

**2. 确定蜂群入棚室时间**

采用蜜蜂授粉要求棚温控制在18～32℃，适宜温度22～28℃；湿度控制在50%～80%；甜瓜最佳授粉时间为上午8：00～10：30。温度过高或过低，均会导致甜瓜泌蜜量降低和花粉活力减弱，直接影响到蜜蜂访花积极性。中午前后注意棚室通风，保证植株正常生长和蜜蜂活动，提高授粉效率。初花期，蜂群入棚。蜂群进棚时间确定后，应在头一天傍晚将蜂群搬进棚室，防止蜜蜂撞棚迷巢，进棚 30 ~40min 后打开巢门，第二天随着温度升高蜜蜂进行认巢飞翔，便于蜜蜂适应棚室内环境。

### 3. 授粉期蜂群管理

（1）蜂箱放置　蜂箱要放置在棚室中央，避免震动，不可斜放或倒置，距地面 50 ~100cm，巢门向南或东南方向，便于蜜蜂定向及采集花粉。蜂箱放置后不可随意移动巢口方向和位置，以免蜜蜂迷巢受损。

（2）调整蜂脾关系　棚室内昼夜温差变化较大，应采取蜂多于脾或蜂脾相称的比例关系，有利蜂群的增殖。

（3）做好授粉蜜蜂饲喂工作　可采用 1：3 的蜜水进行饲喂，每个蜂箱上放置 1 个盛水容器，每天更换清水，水上浮 1 根树枝或其他漂浮物，以便蜜蜂饮水。

（4）注意蜂群保温　夜间温度低于 8℃时蜂群结团，外部子脾无法保温，易使虫卵受冻，而中午太阳直射时，最高温达 40℃。因此，对蜂箱最好增加保温层，防止箱内温度过高或过低

（5）防治蜜蜂病、敌害　棚室内湿度大，蜂具易发霉变质，应将箱内多余脾全部取出。冬春季老鼠在外界找不到食物，较易钻进设施内，咬巢脾，吃蜜蜂，严重扰乱蜂群秩序，应采取放鼠夹、堵鼠洞等一切有效措施消灭老鼠，同时缩小巢门，防止老鼠从巢门进入。

（6）蜂群使用量　每箱有蜜蜂 2 000 ~4 000只。每箱微型授粉专用蜂群可用于 667m$^2$ 左右棚室甜瓜授粉，蜂群有效授粉时间可达 3 个月，在晴朗天气，为甜瓜有效授粉 6 ~10d 即可。

### 4. 授粉后管理

（1）选果和疏果　棚室甜瓜蜜蜂授粉坐果较多，要求果实长

到鸡蛋大小时选果和疏果。留果要求果形周正、色泽亮丽、大小适中，其余小瓜全部疏掉。厚皮甜瓜选留1个果，薄皮甜瓜每株选留4~6个果，定果后要及时进行膨瓜期水肥管理。

（2）蜜蜂回收　春大棚甜瓜授粉结束，待蜜蜂回箱后关好蜂箱门，打开两侧通风孔，由专业人员收回蜂场。

#### 5. 授粉期间农药使用注意事项

春季棚室甜瓜授粉时间很短，一般不超过10d，在开花授粉期无需进行水肥、植保等管理。此期棚室处于相对干燥环境，一般也不会发生病虫危害。如需药剂防治，待蜜蜂授粉结束后进行。不按规定用药会给蜜蜂带来致命伤害。特殊情况下确需打药时，需在打药前1 d傍晚将蜂群移至4km以外的地方存放（或将蜜蜂及时退还供销商），待棚室内无明显农药残留后再迁回继续用于授粉。

#### 6. 授粉后的蜂群处理

花期过后，要及时处理蜂群，也可继续运到其他设施内为其他蔬菜授粉。

### （五）张挂镀铝膜反光幕技术

冬春季节利用日光温室进行甜瓜生产，光照不足是重要的限制因素。利用反光原理，用镀铝膜作反光幕，把射入到日光温室后部的阳光反射到甜瓜植株上，这不仅可增加日光温室内的光照强度，还可以提高气温和地温。利用反光幕补光增温，是我国北方冬春季日光温室甜瓜生产上投资少、见效快、方便实用的新技术。

#### 1. 反光幕应用效果

日光温室内张挂反光幕效果明显，主要表现为：

（1）增加棚室内的光照强度　反光幕前0~3m，地表增光率为40%～50%。反光幕的增光效果随着季节的不同而表现差异，在冬季光照不足时增光率大，春季增光率较小。阴天时补光效果更好。

(2) 提高气温和地温　据试验，反光幕2m内气温、地温可提高1～2℃。

(3) 缩短育苗时间，提高秧苗素质　同一品种和同一苗龄的幼苗，在应用反光幕后，株高、茎粗、叶片数均有增加，雌花节位降低。

(4) 改善小气候，增加产量　反光幕通过改善小气候条件，从而增强了植株的抗病能力，减少了农药使用。日光温室的瓜菜产量、产值明显增加，尤其是冬季和早春更明显。

### 2. 反光幕的应用方法

在日光温室内张挂反光幕的时间，一般安排在棚室内光照弱的季节，即11月末至翌年4月。5月份后，日光温室内光照增强，不需应用。

张挂镀铝膜反光幕的方法是随日光温室走向，面朝南，东西延长，垂直悬挂。具体步骤是：按日光温室的长度，用透明胶带将100cm幅宽的反光幕2幅或3幅粘结在一起。在日光温室中柱上由东向西拉铁丝固定，将反光幕挂在铁丝上，再将反光幕上端折回包住铁丝，用夹子、透明胶布等固定，使反光幕自然下垂。将反光幕的下端折回3～5cm，用撕裂膜作衬绳，将绳的东西两端各绑竹竿一根，使其固定在地表，这样可随太阳照射角度水平北移，使其反光幕前倾75°～85°。也可把50cm幅宽的反光幕铝膜按中柱高度剪裁，一幅一幅地紧密排列并固定在铁丝横线上。150cm幅宽的镀铝膜可直接张挂。

### 3. 使用注意事项

定植初期，靠近反光幕处要注意灌水，水分要充足，以免强光高温造成灼苗。每年用后，经过晾晒再叠放在通风干燥处保管备用。反光幕在保温性能好的日光温室应用效果更好。如果日光温室保温性能不好，只靠反光幕来提高室内的气温和地温，白天虽然有效，但夜间也难免受到低温危害。

## （六）棉隆土壤熏蒸消毒及活化修复技术

棉隆是一种高效、低毒、无残留的环保型、广谱性土壤熏蒸消毒剂。施用于潮湿的土壤中时，会产生异硫氰酸甲酯气体，迅速扩散至土壤颗粒间，有效杀灭土壤中各种病原菌、害虫、线虫及杂草种子，从而达到清洁土壤的效果。98%棉隆微粒剂是由联合国环境组织、中国国家环保总局、中国农科院等部门推荐用于替代甲基溴等土壤消毒剂的首选产品。棉隆消毒可解决棚室瓜菜种植普遍存在的连作障碍问题，且技术可操作强。棉隆土壤熏蒸消毒及活化修复具体操作过程如下：

### 1. 土壤准备

精细翻耕土壤，用旋耕机（或其他深耕机械）耕翻 30 ~ 40cm，保持土壤的通透性。施用畜禽粪（鸡、鸭、猪、牛、羊粪等）的，最好在翻地前将粪肥先撒入棚室内，然后再耕翻，这样可将粪肥中的病原菌一起熏蒸杀死。

棉隆土壤熏蒸消毒要求土壤相对湿度保持在 60% ~70%。若土壤湿度达不到，要提前浇水造墒。浇水后，注意保湿 3 ~4d，湿度以手捏土能成团，1m 高度掉地后能散开为标准，以便让线虫、病原菌活动，以及草籽萌动，更容易被棉隆气体杀死。湿度太小（40%以下），棉隆的颗粒不能完全分解；湿度太大（70%以上）不利于棉隆气体在土壤颗粒间流动，消毒效果较差。

### 2. 撒药与混土

棉隆施用方法分为撒施、沟施、条施等，处理30cm深土壤所需剂量为30～50g/m²，土传病虫害严重时用高剂量，病虫害轻则用低剂量。施药后马上用旋耕机混匀土壤，深度为25～30cm，使药剂与土壤颗粒充分接触，日光温室、大拱棚等设施内施药要确保立柱和边角用药到位，以防消毒不彻底。

### 3. 密封覆膜

正确选用塑料薄膜是保证消毒效果的重要环节。覆盖的塑料薄膜不能太薄（更不能施用普通地膜），最好用无透膜（不透气）或用厚度为4丝（即0.04mm）以上的塑料膜进行覆盖。薄膜不能有破损，最好使用新膜，以防漏气降低消毒效果。

旋耕混土后立即覆盖塑料膜，用开沟压边法密封好四周。从开始旋耕到盖膜结束，持续时间越短越好，最好在2～3h内完成，以减少棉隆有效成分挥发。覆膜后，在10～15cm土温10℃以上条件下，密封消毒25～30d。

### 4. 揭膜透气

密封消毒25～30d后，揭去薄膜，按深度30cm翻耕土壤，透气7～10d，释放余下的气体。注意要确保揭开膜透气完全，保证无残留药害。

### 5. 发芽试验

为防止有毒气体残存土壤对种植作物的影响，作物定植前要先做发芽试验。方法是随机取熏蒸消毒地块内的土样，装入玻璃瓶内，装半瓶。然后在玻璃瓶内放置粘有油菜籽的湿润棉花团，立即密封玻璃瓶口。以未经熏蒸消毒的土样作对照。放置于温度15～25℃的室内48h，观察油菜籽发芽情况，判断是否有抑制发芽的现象。如没有抑制，可进行后续步骤。

**6. 土壤活化**

棉隆熏蒸消毒土壤后，土壤中的有害生物菌和有益生物菌均被杀死，所以需要补充有益生物菌，改良土壤环境，增加土壤中有机质的分解，提高肥料的利用率，从而提高作物产量和品质。

棉隆土壤消毒在确认无药剂残留后，每667m$^2$施用土壤活化剂宝地生（KS100）1～2kg。采取作物定植前开沟施用，或随有机肥施用，也可在作物生长期间随水冲施。

棉隆土壤熏蒸消毒需要特别注意：一是要避免棉隆接触眼睛，不慎接触后应立即用清水冲洗。用过棉隆的器具应彻底清洗；二是棉隆对鱼类有毒，在鱼塘附近使用要慎重；三是棉隆对正生长的植物有毒，使用时要远离生长的植物；四是要避免在低温（低于10℃）或高温（高于30℃）下施药操作。

## （七）厚皮甜瓜多次留瓜丰产栽培技术

厚皮甜瓜作为高档水果，相对于其他瓜菜对商品质量的要求更为严格，生产中应将商品质量放在首位。留瓜数量是影响厚皮甜瓜果实大小以及商品品质的重要因素。因此，要通过控制每株的留瓜数量，保证果实有一定大小。如对于大果型品种，一般每株只留一个果，以保证果实充分膨大，形成商品性好、竞争力强的产品。但留瓜数减少后，必然影响产量，最终影响瓜农的经济收入。

多次留瓜技术是指在植株上分层多次留瓜，使植株的留瓜总数不减少，但分层分次进行，既保证了果实单果重，又使总产量提高。据试验，在留瓜数相同的情况下，通过分层二次留瓜，较一次性留瓜提高产量30%～40%。现将有关技术介绍如下。

### 1. 多次留瓜技术

厚皮甜瓜以子蔓或孙蔓坐瓜。生产上根据品种的特点，在一次留瓜时，将10～15节的子蔓或孙蔓保留，并使在其上形成的雌花授粉坐瓜，然后根据需要确定留瓜数，果实成熟采收后即拔秧。

多次留瓜是在一次留瓜的技术基础上发展起来的。据试验，第一次留瓜节位在主蔓第12～15节，第二次留瓜在主蔓第22～25节为好。除留瓜节位的子蔓保留外，其余的枝杈及时摘除，主蔓长至30节左右时打顶。在预留节位的雌花开放时进行人工授粉。当幼果长至如鸡蛋大小时，应当选留瓜。一般较大果型品种每株每次只留1个瓜。这种留瓜方式的特点是，当第二次在第20～25节授粉后所留瓜开始膨大时，则第一次在第12～15节所选留瓜已基本膨大完毕（但尚未成熟），这就避免了两次留瓜之间争夺养分，有利于产量和品质的提高。而且这与到第一次留瓜完全采收后再第二次留瓜不同，优点是可充分利用春季栽培的有限时间。

当第二次留瓜膨大基本结束，植株生长势仍较强，若进行第三次留瓜仍可正常成熟，这时可在植株的其他部位，如上部、中部或下部选留侧蔓，使其开花坐瓜。有的品种还能进行第四次、第五次留瓜。

### 2. 实现多次留瓜的技术措施

（1）选用以日光温室为主的栽培设施　根据山东省及附近省份的气候特点，在6月下旬后，昼夜温差变小，果实品质变差。因此，厚皮甜瓜一般要在6月下旬以前收获完毕。为达到多次留瓜，提高产量的目的，栽培设施要有良好的保温透光性能，这样可使厚皮甜瓜早播种，早定植，早结果，使进行第二次、第三次留瓜后果实有足够的发育膨大时间。研究和实践证明，要进行多次留瓜，最好在日光温室内栽培。若采用大拱棚栽培，则需在棚内覆盖小拱棚，实行多层覆盖，如五膜覆盖或三膜一苫覆盖。

(2) 选择适宜品种　选择生长势强、抗病的品种是关键。生产上常用的品种有鲁厚甜 1 号、翠蜜、伊丽莎白等。

(3) 加强栽培管理　一是要培育无病壮苗。日光温室栽培的适播期为 11 月下旬至 12 月中旬，在保温采光性能好的设施内，以适当早播为好；二是加强肥水管理、温湿度控制，严格整枝，使果实能正常膨大和形成优质的产品。

(4) 加强病虫害防治　多次留瓜必须保证在整个生长期内，植株不发生病虫害，或只发生在生育后期，因此，防治病虫害是极其重要的环节。厚皮甜瓜的主要病虫害有疫病、白粉病、炭疽病等，虫害主要有蓟马、蚜虫、潜叶蝇等。栽培中除选用抗病品种、培育无病壮苗、加强田间管理外，在病虫发生初期及时用药剂防治，防止植株因发病而早衰。

## （八）双断根嫁接育苗技术

嫁接栽培是目前最简单有效地克服甜瓜连作障碍的措施。我国断根嫁接技术应用比较晚，在西瓜、黄瓜嫁接中发现，断根后新发出的根系数量多、粗壮，根系活力强，根系面积大，对水分和养分的吸收能力强，嫁接苗生长健壮一致。并且在产量上有明显提高。

### 1. 选择砧木

砧木的选择参照本书“嫁接育苗技术”部分。

### 2. 育苗

砧木和接穗播种前处理和播种时间参照本书“嫁接育苗技术”部分中“插接法”。

双断根嫁接的基质是用草炭、蛭石和珍珠岩按照 6∶3∶1 比例配制而成。对基质要进行严格消毒，以防砧木和接穗在基质中感病。可用多菌灵处理，每 $1m^3$ 基质用多菌灵 40g。将药加入基质中，充分拌匀，用塑料薄膜覆盖 2～3d，撤去薄膜，药味散净后方可使用。消毒后把基质装入穴盘中，播种前浇足底水。

接穗采用平盘播种育苗，首先在平盘中加入已消毒的基质，用平板压平，然后把接穗种子均匀撒在基质上，上面平铺一层消毒的细沙，均匀的喷撒水使其湿润，覆盖塑料薄膜，最后放入催芽室进行催芽。

双断根嫁接中，砧木嫁接时要切掉根部，因此播种方法不同于常规插接方法，可以大幅度增加单位面积的播种数量。具体方法有两种：一是穴盘播种法。为充分利用穴盘，每穴中可播 3 粒种子，长出的 3 株苗均用于嫁接。每穴中种子数不宜过多，否则砧木细弱，嫁接时操作不便；二是地面撒播法。在温室中适当位置平铺一层厚约 5cm 的基质，把处理好的砧木种子均匀撒播在基质上，覆盖基质，喷水，最上面用塑料薄膜覆盖。两种播种方法均可减少嫁接前砧木占地面积，显著降低水、电、暖等能源消耗。

### 3. 嫁接

甜瓜子叶展平时进行双断根嫁接。根据砧木播种方法不同，嫁接操作方法有以下两种。

采取砧木穴盘播种法育苗的，嫁接时可采用两人一组，从而提高嫁接速率。一人将砧木的生长点除去，然后用嫁接针（竹签或铜签）从砧木心叶处向下斜插约 8mm 深，嫁接针以不穿过表皮为宜；另外一人用拇指和食指捏住接穗的两片子叶，使刀片在接穗子叶基部下 1cm 处呈 30°向下切成斜面，切口长约 8mm。第一个人取出砧木上的嫁接针，插入接穗，使接穗子叶与砧木子叶相互交叉呈“十”字形。随即用刀片将砧木离基部约 1cm 处切断，将嫁接苗栽植于事先准备好装有基质并浇透水的穴盘内。然后扣上小拱棚，其他管理方法同常规插接。

采取砧木地面撒播法育苗的，首先将苗床上的砧木用刀片离基部约 1cm 处切断，然后与接穗插接，操作过程基本同上。

**4. 嫁接后管理**

嫁接完成后，及时将嫁接苗用塑料薄膜覆盖或扣上小拱棚。温度、湿度、光照、通风等管理参照本书“嫁接育苗技术”部分。

# 十一、山东设施甜瓜特色栽培典型

## （一）山东寿光早春大拱棚甜瓜栽培技术

寿光从20世纪80年代开始种植大拱棚甜瓜，种植伊丽莎白品种为主，实行单蔓整枝，先后留两茬瓜，每667m$^2$产量约4 000kg，产值在2万元左右。以下以伊丽莎白为主介绍种植技术要点。

### 1. 大棚准备

（1）清理田园和冻土　如果大拱棚冬季不进行作物生产，应当及时将前茬作物的残枝落叶等清理出棚，或者深埋。犁地30～40cm深，打开大拱棚两侧通风或撤去棚膜，以借低温冻土。

（2）上棚膜　定植前半月左右，大棚覆盖塑料薄膜，提高大拱棚内的温度。拱架外覆盖厚度为0.07～0.08mm的聚乙烯长寿膜。同时，借助棚架上设置的架杆或钢丝在棚内架设一层厚度为0.015mm的聚乙烯薄膜作为天幕。同时用竹片或细钢筋，在棚内插好拱架，一般以两个畦面为单位，宽约3m，高约1.5m，覆盖厚度为0.04mm的聚乙烯薄膜，定植前内层拱架上的薄膜处于束置状态。定植后，用于夜间覆盖保温。

（3）施底肥　整地时每667m$^2$在地面均匀撒施稻壳鸭粪8m$^3$，以及氮、磷、钾含量各为15%的三元复合肥50kg，并喷施EM菌或激抗菌968、治线18等微生物肥，每667m$^2$用量为2～3kg。撒施的肥料，尤其是微生物肥要立即旋耕入土中，混匀，旋耕时使用40马力大功率旋耕机，深耕深度至少25cm，旋翻两次，同时按1.5m间距扶垄，形成宽度为1.2m左右的平畦和0.3m宽的畦埂。

施用粪肥作底肥时，应当提前腐熟，可以使用 EM 菌、归源一号等，每 667m$^2$ 用量为 2kg。来不及提前腐熟的，也可以将菌液与粪肥共同翻入土中发酵。

**2. 品种和种苗**

根据当地种植习惯，大拱棚早春栽培的甜瓜品种有伊丽莎白、西州蜜 17、羊角蜜等，以伊丽莎白种植面积最大。

随着集约化育苗的发展，寿光瓜农一般从育苗工厂购买培育好穴盘苗。购买的穴盘苗应当茎秆粗壮，根条多、白且盘坨良好，叶色绿，无病无虫。

**3. 定植**

（1）定植期　2 月中旬至 3 月上旬均可以定植，深冬无前茬作物的大拱棚可以适期早种；深冬有种植作物的大棚可以视前茬收获时间确定定植期。

（2）定植密度　不同品种种植密度不同。小型瓜品种，如伊丽莎白，一般为每 667m$^2$ 定植 2 200～2 400 株，即行距 0.7～0.75m，株距约 0.4m；在同样的行距下，西州蜜等哈密瓜类型的品种，因果大，晚熟，应减少密度，一般株距约 0.5m。

（3）定植穴消毒处理　根据土壤情况对定植穴适当处理，以预防病虫害。土壤中有根结线虫的，每 667m$^2$ 使用福气多颗粒剂（10% 噻唑膦）2kg 混 BT 菌剂 2kg，戴手套撒入定植穴中并用手拌一下；无根结线虫而前茬病害较重的，则可以用 60% 多菌灵可湿性粉剂 500 倍液灌根；病虫害相对较轻的土壤，可以在定植穴中撒施或喷施少量微生物菌剂，如激抗菌 968、EM、归源 2 号、治线 18 等。

（4）苗子防病处理　配制 10% 恶霉灵水剂 1 000倍液，混生根剂，浸泡穴盘约 3 秒钟，以保证定植后的苗子健壮无病。

（5）定植与浇水

选择晴好的天气定植甜瓜。在平畦的两边各开定植穴，深约5cm。将甜瓜苗从穴盘中取出，每穴栽植1株，用土略盖住苗坨即可。边定植边浇水，水宜浇透。

**4. 结瓜前的管理**

（1）灌根　定植后3～4d，使用与浸泡穴盘时相同的药液，单株灌根一次，每株用药液约100ml。瓜农通常用拧下喷头的喷雾器来灌根。

（2）盖地膜　定植后5～6d，盖黑地膜，每畦一幅，用土压住地膜两边后，对准每棵苗子的位置用钢丝扎破地膜，用手把苗子掏出来。

（3）浇水　定植后1周左右，第二次浇水。看土壤、天气和瓜秧生长情况，在吊秧前后第三次浇水。

（4）施肥　在第三次浇水时，追施少量氮肥或生物菌发酵液，每667$m^2$约5kg。

（5）枝蔓整理　伊丽莎白等品种一般实行单蔓整枝，在定植后25d左右，去掉下部的侧蔓和叶腋的雄花，用塑料绳或布绳吊秧，上端用活扣拴在吊秧钢丝上，下端用活扣拴在每棵秧苗的主蔓上。大瓜型的品种，可以在瓜秧基部留一条辅蔓，匍匐在地，至12片叶左右摘心。

吊秧后每隔4d左右盘头一次，使秧蔓沿吊绳向上生长。瓜秧生长至吊秧钢丝时（高度约1.8m左右），摘心。

（6）温度和光照管理　在定植后20d左右的时间里，大拱棚内小拱棚上的薄膜晚上盖白天揭，以协调温度和光照。当夜间温度升高后，撤去这层小拱棚，原则上撤去后棚内夜间温度不低于15℃，一般撤去该层薄膜的日期正是需要吊秧的日期。上面的两层薄膜均设有通风带，当白天温度超过30℃后，要打开通风带抑制升温。

（7）保花保果　伊丽莎白等甜瓜品种，留瓜时在每主蔓上位于第16～18片叶的位置处，选留一个生长良好的侧蔓和瓜胎，在其直径约1cm时用坐瓜灵喷瓜胎。每包坐瓜灵（0.1%氯吡脲液剂5ml）对1kg水，或混加适量2.5%咯菌腈悬浮剂，用专用的喷药工具将整个瓜胎喷匀。喷瓜胎的同时，将该瓜胎处的侧蔓摘心。

羊角脆等甜瓜品种易坐瓜，则不需要喷瓜胎，每株可留2～3个瓜。

**5. 结瓜后的管理**

（1）施肥浇水　第一茬瓜坐住后15d左右，随水每667$m^2$追施氮磷钾含量为15-15-15的水溶肥10kg，以及速效有机营养肥料如海藻肥、微生物发酵液等用5kg。第一茬瓜采收后，再次追肥以促进第二茬瓜的膨大。追肥数量与上次基本相同，可视植株生长情况适当调整。

在结果期，每次浇水时，每667$m^2$追施5kg左右的速效有机肥如沼液、海藻肥、归源二号等，可以提高产量，改善口感。

（2）温度控制　对伊丽莎白品种，坐瓜后的半个月内，温度指标稍降低，加强通风，使白天棚内温度控制在27℃左右。此期温度过高，在果面上从果实蒂部到果柄容易出现一道白线。坐瓜半个月后，白天温度再回升到30℃左右。

（3）套袋和摘袋　当甜瓜长到鸡蛋大小时（胎毛脱落以后），即授粉后7d左右进行套袋。套袋过早，操作时易损伤幼瓜。套袋前，把果蒂部的残花摘除，将袋自幼瓜下端向上轻轻套在瓜上，并将套袋上端封口。当果实开始转变为成熟的商品色时，除去套袋。

（4）枝蔓整理　经常抹除主蔓上萌生的侧蔓和雄花等。

（5）二次留瓜　在头茬瓜采摘前7～10d，即喷瓜胎后25～30d，根据植株生长情况，在植株上部选留长相良好的瓜胎，像处理头茬瓜胎一样喷座瓜灵保瓜，同时摘心，并去除其他侧蔓。此次留瓜不要过早，否则会影响头茬瓜的生长，降低产量。

（6）采收　当甜瓜果实具有较好的商品颜色和光泽时，用手将瓜连同瓜柄从主蔓上摘下，然后去除所带的叶片，分级装箱。

### 6. 病虫害防治

在甜瓜的整个生长期中，每隔 10d 左右叶面喷施杀菌剂一次以防病，可选用的杀菌剂有：60% 多菌灵可湿性粉剂 500 倍液、50% 异菌脲可湿性粉剂 800 倍液、75% 百菌清可湿性粉剂 800 倍液、69% 烯酰·锰锌可湿性粉剂 1 000～1 500倍液等。阴天前要重点防治。

当发现蚜虫为害时，用 70% 吡虫啉水分散粒剂 7 500倍液，或 25% 噻虫嗪水分散粒剂 4 000倍液喷雾防治。喷药时要周到、细致、均匀。

## （二）山东海阳鲁厚甜 1 号网纹甜瓜日光温室栽培技术

山东省海阳市留格镇 1998 引种厚甜 1 号网纹甜瓜栽培成功，面积连年扩大。目前，仅留格庄镇就有约 30$hm^2$。为解决延长产品供应期，通过嫁接技术及秸秆反应堆等技术的综合应用，已成功实现了日光温室内周年栽培，从 11 月至翌年 8 月份都时有播种、育苗、定植，从 3 月份至元旦均有产品供应，全镇网纹甜瓜年总产值达到 1 000多万元。

### 1. 茬次安排

主要有冬春茬栽培、早春茬栽培、夏秋茬栽培和秋延迟栽培 4 个茬次（表 20）。其中，冬春茬栽培需采用嫁接技术和秸秆反应堆技术，秋延迟栽培需采用嫁接技术。

**表 20　鲁厚甜 1 号网纹甜瓜周年栽培茬次**

| 茬　次 | 播种期 | 定植期 | 授粉期 | 采收期 | 主要技术 |
|---|---|---|---|---|---|
| 冬春茬 | 11 月下旬 | 12 月中旬 | 1 月下—2 月上旬 | 3 月中、下旬 | 秸秆反应堆、嫁接 |
| 早春茬 | 2 月中、下旬 | 3 月中、下旬 | 4 月下—5 月上旬 | 6 月中、下旬 | — |
| 夏秋茬 | 7 月上、中旬 | 7 月下—8 月上旬 | 8 月下—9 月上旬 | 10 月中、下旬 | — |
| 秋延迟 | 8 月中、下旬 | 9 月中、下旬 | 10 月中、下旬 | 12 月上、中旬 | 嫁接 |

**2. 品种选择**

厚皮甜瓜品种为鲁厚甜 1 号（山东省农业科学院蔬菜研究所育成）；砧木品种为德高铁柱（山东德州德高蔬菜种苗研究所提供）。

**3. 育苗**

（1）育苗设施　分为常规自根苗培育和嫁接育苗。嫁接育苗通常采用插接和靠接方法，以插接法为主。为提高育苗苗床温度，2 月底以前播种的，需用电热温床进行育苗，电热温床电热线功率要求达到 100 ~ 120W/m$^2$。

（2）营养土配制　用 8 份不带菌大田土、2 份草木灰，过筛，加入适量的杀菌剂和杀虫剂，混匀后即成营养土。用 10cm × 10cm 的塑料育苗钵装好营养土，紧密排列在苗床上，先浇透水，然后覆盖地膜，上面加盖小拱棚，提温备播。

（3）播种　插接法嫁接育苗时，砧木播种需比甜瓜提早 5 ~ 7d，接穗种子均匀播在装有基质的平盘内，每标准盘播 800 粒。砧木和甜瓜苗播在穴盘或营养钵中，每穴或每钵中央播一粒发芽的种子，覆土厚度 1 ~ 1. 5cm。靠接法育苗时，则需先播甜瓜，后播砧木。冬春季播种前温床提前加温，当温度稳定在 15℃以上时播种，播后盖地膜并加盖小拱棚。为防猝倒病，苗出土时苗床撒草木灰除湿消毒。

(4) 嫁接及嫁接后的管理　参考本书“嫁接育苗技术”相关内容。

### 4. 定植

(1) 整地施肥　冬春季提前半个月整地，深翻30cm左右。不用秸秆反应堆时，每667m$^2$ 用500kg 商品有机肥，30kg 氮磷钾(15-15-15) 复合肥。

使用秸秆反应堆时，每667m$^2$ 用玉米秸秆4 000～5 000kg、菌种8～10kg、植物疫苗3.5kg、麦麸225kg、花生皮粉150kg、花生饼250kg。具体操作如下：将疫苗与125kg 麦麸及水拌匀，150kg 花生皮粉与50kg 花生饼拌匀，然后与拌好的疫苗混匀，盖上遮阳网，4～5h 翻一遍，共翻3～4 遍，发酵5～7d 后待用。

在定植行上挖沟，沟宽70cm、深20cm，长度根据日光温室跨度而定。沟内用玉米秸秆铺匀踏实，并高出地面5～10cm，把生物菌种与100kg 麦麸拌匀后，均匀撒在秸秆上，用铁锨拍落。再将200kg 花生饼用水泡散后撒在秸秆上，用铁锨拍震，使均匀落在秸秆缝隙内，覆土20～25 cm，沟两端露出10 cm 秸秆便于通气，大沟灌水。7～8d 后，将畦面耙平，将疫苗均匀撒上，与10cm 表土混匀，在两边打两行孔，孔距约30 cm，孔深以穿透玉米秸秆为度。

定植前盖好黑膜，定植后用直径为2 cm 的钢钎在定植行中间及两边共打3 行孔。孔距为30 cm，孔深约15～16cm。早春茬接冬春茬栽培时不再整地施肥。秋延迟栽培时，将高垄深翻20cm，整平后中间开沟，沟施商品有机肥600～700kg。

(2) 定植期及定植方法　甜瓜苗2 叶1 心时定植。具体定植时间根据设施保温程度、苗龄、地温及天气等情况而定。冬春茬栽培一般在地温稳定在14℃以上，选晴天上午定植。夏秋季一般选择下午定植。每 667$m^2$ 栽植 1 800株左右。一年三茬均在同一定植行上定植。第一茬收获前 3d，在两老株之间，定植提前育好的新苗，前茬收获后，拔除老株，让新苗生长。

**5. 田间管理**

（1）肥水管理　定植后浇足缓苗水，坐果前尽量不浇水，缺水时只浇小水。坐果后浇 2 ~ 3 次水，其中，坐果后 10d 浇大水，其余时间浇小水，收获前 10d 停止浇水。整个生育期追 1 ~2 次肥。第一次在坐果后 7 ~ 10d，第二次在果面初上网时。每次每 667$m^2$ 施用 10 ~ 15kg 高钾复合肥。

（2）温度管理　冬春低温季节，以保温为主。冬春茬栽培时，墙体用薄膜包被，风口处用毯子封口保温，在畦上插小拱棚、盖二膜提温，植株长到 10 片叶时，撤掉小拱棚。温度较高季节，主要通过调节温室顶部及前屋面通风口降温。开花坐果前，白天气温 25 ~28℃，夜间 15 ~18℃。坐住瓜后，白天气温 28 ~32℃，不超过35℃，夜间为 15 ~18℃。上网期温度较高时，浇水在半夜进行，即可降温抑制长势，又能加大昼夜温差，有利于上网和提高品质。

（3）整枝、授粉和吊瓜　采用单蔓整枝，在 15 ~16 叶时打去小米粒大小的蔓顶，植株能继续长出 6 ~7 片叶。只留 1 茬果，在 12 节留瓜。幼瓜长到 0. 25kg 以前，用绳系到瓜柄靠近果实部位，将瓜吊到与坐瓜节位相平或略低的位置上。

开花时，用氯吡脲处理促进坐瓜。采用喷雾法，在子房上、下面各喷一下。高温季节使用浓度略低于低温季节。

**6. 病虫害防治**

当地瓜农非常注重通过加强栽培管理来防治病虫害，各种病害发生较轻。常遇到的病害有炭疽病、蔓割病、疫病、霜霉病等。主要使用甲基硫菌灵、甲霜灵·锰锌、嘧菌酯、咪鲜胺等防治。细菌性病害发生时，使用农用链霉素、中生菌素、可杀得等防治。

常见虫害有蓟马、蚜虫、潜叶蝇，一般选用溴氰菊酯、吡虫啉、噻虫嗪、多杀菌素等防治。

**7. 采收**

鲁厚甜1号果实发育期50d左右。不同季节其发育期会有2～3d的差异。可根据授粉日期、果皮网纹的发生情况、皮色的变化、瓜前叶的变化等来判断采收适期。采收一般在早上进行。

**8. 经济效益**

近两年来，当地瓜农种植鲁厚甜1号网纹甜瓜取得了较高收入。在3月份收获的，单果重0.75～1.0kg，批发价约为30元/kg，每667$m^2$棚室收入3万～6万元；6月份收获的，单果重1.75kg左右，批发价为9.0元/kg，每667$m^2$棚室收入2万～3万元；12月份收获的，单果重2～2.5kg，批发价约为20元/kg，每667$m^2$棚室收入4万～5万元。多数瓜农每667$m^2$面积一年三茬瓜总收入能达到10万元以上。

## （三）山东莘县秋延迟薄皮甜瓜棚室栽培技术

莘县属黄河冲积平原，水源丰富，水质为弱化矿水，四季分明，光照充足，土层深厚肥沃，属沙壤土，适宜甜瓜栽培。2013年，莘县秋延迟薄皮甜瓜种植面积达到2 000$hm^2$，总产7万t。

**1. 播种期**

秋延迟薄皮甜瓜在生育期内前期高温多雨，后期低温寡照，病虫害发生频繁，栽培难度较大。该茬甜瓜的播种期，根据上市时间的不同相差比较大，6月下旬至7月下旬均可播种，9月下旬至11月中旬上市。大拱棚栽培一般在6月上旬至7月上旬育苗，日光温室栽培一般在7月中、下旬育苗。

### 2. 品种选择

秋延迟薄皮甜瓜宜选择耐热、抗病、品质优良的品种。目前，莘县秋延迟种植的主要薄皮甜瓜品种有花蕾、甜宝、久青蜜、绿青蜜等。

### 3. 培育壮苗

秋延迟甜瓜栽培，育苗期正处在夏季高温、强光，昼夜温差比较小的雨季，需要遮阴、避雨育苗。

(1) 种子处理　选择粒大饱满的种子，除去畸形、霉变、破损、虫蛀的种子，以及秕籽和小籽。用55～60℃的温水进行温汤浸种，或用10%磷酸三钠浸种钝化病毒，或用多菌灵、高锰酸钾浸种杀灭种子表面病菌。

(2) 催芽　将处理好的种子用湿布包好后放在28～32℃的条件下催芽。待种子露白时，即可播种。

(3) 育苗基质　目前，莘县甜瓜育苗多采取基质育苗。基质组分与配比是草炭：蛭石：珍珠岩=6：1：3，每1$m^3$基质加多菌灵80g和敌百虫50g进行灭菌杀虫。

(4) 苗床建造　为了保护甜瓜幼苗的根系不受高温和雨水损害，在大拱棚内做苗床时，用细竹竿铺出一个宽1.2～1.5m，长度可根据育苗多少来确定，距地面高15～20cm的苗床。竹竿顺苗床延长方向，竹竿与竹竿之间的距离为10～15cm。竹竿下垫两层高的砖，砖按行摆放，行与行之间的距离约2m。竹竿上放育苗盘育苗。

(5) 播种　选用50孔的穴盘，装满基质，用木条刮平，用模具压出1cm深左右的小孔，再将种子胚根向下平放在小孔内，随播种随盖蛭石，然后再用木条把多余的蛭石刮掉。种子播完后，统一对穴盘用雾化喷枪进行喷水，以穴盘底部稍微渗水为宜。

(6) 苗期管理　夏季育苗管理的重点是降温、遮阴、防病虫。

在出苗前，把浇透的播种穴盘摞起来，每摞 10 个穴盘高，放在室内或树荫下，并盖上薄膜，同时上盖一层毛毡遮光。当种子萌动后有个别出苗，即可把穴盘摆在苗床上，早晚各补一次水。出苗后温度尽量控制在白天 33℃以内。选择遮阳率在 60% 左右的遮阳网，在上午 11 时到下午 3 时进行遮阴。

为预防苗期病虫害，苗子出土 5d 左右，可用 72.2% 霜霉威水剂 600 倍液喷洒以预防猝倒病，以后每隔 5 ~7d，喷洒 75% 百菌清或 50% 甲基硫菌灵 600 倍液预防病害的发生。对蚜虫、白粉虱等可喷施 25% 噻虫嗪水分散粒剂 1 500 ~2 000倍液。

#### 4. 整地做畦

（1）定植前准备　日光温室、大拱棚要保留上一茬的大棚膜，并检查棚膜是否有破损，及时修补。定植前 10d，把日光温室前沿和大拱棚四周棚膜卷起，并加盖 60 目的防虫网。

（2）整地施肥　定植前 10d 整地施肥，并做好整畦起垄工作。每 667$m^2$ 施用优质厩肥 5 000 kg、过磷酸钙 50kg、氮磷钾复合肥 50kg。

甜瓜喜光，适于用宽垄栽培，先把地块整成 1m 宽的高畦（高 20cm）和 80cm 的低畦（作业道），然后在高畦上种植两行甜瓜，行间距离 60cm。前茬为瓜类蔬菜的，为了防病应进行土壤消毒，即在垄底每 667$m^2$ 施用敌可松可湿性粉剂或多菌灵可湿性粉剂 1.5kg。

#### 5. 定植

夏天苗期比较短，一般 3 叶 1 心或 4 叶 1 心，苗龄 18 ~20d 即可定植。

定植时先在垄上开沟浇水，再按 40cm 的株距栽苗覆土，也可先按株距挖穴，栽苗后覆半穴土浇定植水后再覆土培根。早熟品种每 667$m^2$ 栽 2 000 ~2 200株，中熟品种栽 1 800 ~2 000株为宜。

### 6. 定植后管理

（1）划锄　秋延迟甜瓜定植时期仍是高温多雨季节，地温比较高，不宜覆盖地膜，同时不仅甜瓜植株生长比较快，而且杂草生长也比较快。当浇完缓苗水5～7d后，土壤半湿半干时，在甜瓜根部5～7cm外，用锄头轻划5～7cm深，在除掉杂草的基础上，把土壤划得疏松为宜。

（2）温度管理　甜瓜从定植缓苗到坐瓜前，要遮阴降温，严防徒长。秋延后栽培一般使用上茬的棚膜，棚膜经过几个月的风吹日晒后，透光率会下降，正好适合夏季遮阴。使用时，将日光温室前沿棚膜反卷上去，并把后坡风口全部打开，大拱棚四周棚膜卷到肩部，并在放风口处加盖60目左右的防虫网。下雨时放下棚膜，防止雨水进入棚室内。进入9月份气温开始下降，天气变得比较凉爽，这时要以保温管理为主，盖好棚膜，围好围裙，逐渐减小通风量。进入10月份，当夜温降到10℃，日光温室要及时加盖草苫或保温被。

（3）肥水管理　该茬甜瓜伸蔓期由于处在高温和雨量较集中的时节，土壤墒情好，秧苗很容易徒长。基肥充足的情况下，坐瓜前一般不追或少追氮肥。甜瓜坐瓜后结合浇水追膨瓜肥，每667$m^2$追施尿素5kg、硫酸钾或硝酸钾10kg、铵钙镁5kg。一般在定植时浇1次水，缓苗时浇1次水，伸蔓期浇1次水，坐瓜后浇2～3次水。除施用速效化肥外，也有在膨瓜初期追施腐熟鸡粪或豆饼，一般每667$m^2$施用200kg左右。生长后期亦可结合防病打药叶面喷施磷酸二氢钾、复合微肥、绿叶宝、保利丰等叶面肥。采收前7～10d要严禁浇水，以确保甜瓜的甜度与口感风味。

（4）植株调整

①吊蔓、整枝打杈。用尼龙绳或麻绳牵引吊蔓的方法。当幼苗长到6～7片叶时，需及时吊蔓。整枝的方法因品种类型而不同，以子蔓坐瓜为主的品种，母蔓不摘心，母蔓作主蔓吊秧；以孙蔓坐

瓜为主的品种，母蔓前期摘心，子蔓作主蔓吊秧。以下以前一种方法加以说明：

以子蔓坐瓜为主的品种，母蔓不摘心，母蔓为主蔓，留第 12 至第 15 节上的子蔓作为结果预备蔓，12 节以下、15 节以上的子蔓全部及早摘除。主蔓第 22 ~ 24 节留 3 条侧蔓作为二茬结瓜蔓，28 节或 30 节处打顶，25 节以上的侧蔓及早摘除，每条结果预备蔓上在雌花开放前留 2 片小叶摘心。当幼瓜长到鸡蛋大小时，每株选留 1 个子房肥大、果柄粗壮、颜色较浅的果实，其余果实全部疏掉。

②保花保果、留果。日光温室或大拱棚前期由于室内温度高，雄花花粉量少，花粉生命力较弱，需要用植物生长调节剂喷花或蘸花进行强制性坐果。常用的植物生长调节剂有氯吡脲、防落素等，由于生产厂家不同，使用浓度不同，应严格按照说明书使用。一般选择在晴天上午 7 ~9 时或下午 5 ~6 时蘸花或喷花，具体方法是：当雌花花头发黄时，轻轻提住雌花柄，将整个子房全部浸入配制好的药液里，随即垂直拿出并轻轻甩动瓜柄，把多余的药液甩到容器内。

幼果鸡蛋大小时进行选果、留果，目前，生产上应用的留果方法，主要有单层留果和双层留果两种。单层留果的留果节位一般在主蔓第 11 至第 15 节上，双层留果的留果节位分别在第 11 至 15 节与第 20 至 25 节上各留一层。一般果型较小的每株每层可留 2 个瓜，果型较大的每株每层只能留 1 个瓜。

③套袋、吊瓜。当甜瓜长到鸡蛋大小时，选用专用塑料薄膜袋，或者是木浆纸袋进行套袋。幼瓜长到 0. 25kg 时，开始吊瓜。

#### 7. 病虫害防治

秋延迟薄皮甜瓜易发生病虫害，当地常发生的主要病害有白粉病、枯萎病、蔓枯病、霜霉病、角斑病等，主要虫害有蚜虫、白粉虱、斑潜蝇、螨虫等，要及时采取农业、物理、生物和化学方法防治。

## （四）山东青州银瓜栽培技术

青州银瓜，又称益都银瓜、弥河银瓜等，是原产于山东省青州市的地方特产，属甜瓜中的薄皮甜瓜类型，也是国内著名的特产瓜果之一。据青州府志记载，明孝宗弘治年间，青州银瓜就被选为皇宫贡品。并且很早就远销京津、港澳等地区，深受消费者欢迎。其主产区在流经山东省青州市的弥河沙滩，地下水位仅1.5～2m，浇水便利。沙滩地光照强、水源足、昼夜温差大的自然环境条件和当地农民长期以来形成的一整套栽培技术，使青州银瓜逐渐形成了具有显著特点的优质薄皮甜瓜品种群。优质银瓜成熟后果实呈短筒形，顶端稍大，果脐突出，白皮、白肉、肉质细而脆。优质银瓜成熟后，含糖量（可溶性固形物）高达12%～14%，香气扑鼻，一米高落地，碎如鸡卵。

### 1. 茬口安排与栽培设施

青州银瓜以冬春季生产为主，近年来随着栽培技术水平的提高，进行了越夏生产、夏秋生产等。冬春季集中收获期为4月下旬至6月下旬，夏秋季栽培的一般在国庆节前后上市。全年最早采收期在2月份，最晚在10月份，供应期长达8个多月。

### 2. 栽培设施

栽培设施主要有日光温室、大拱棚、小拱棚等。冬春设施以提高气温、地温为重点，保证青州银瓜提早上市。夏秋设施着重解决高温多雨、病害、保叶难、易裂果、坐瓜难等技术难题，采用遮阴防晒技术，使银瓜中秋节上市。

### 3. 品种选择

青州银瓜是一个品种群，主要有禾银瓜、大银瓜、小银瓜3个变种。

（1）禾银瓜　蔓短，叶小，生长势较弱，早熟，果实小，抗病性较差。一般单果重300~400g，产量稍低。果实成熟后呈淡黄色，品质极佳，一般中心可溶性糖含量达13%~15%，最高可达17%，脆甜适口。该品种目前占青州银瓜种植面积的90%以上。

（2）大银瓜　又称苦纽子，为丰产晚熟品种，蔓长叶大，生长势旺，果实大，一般果长18~25cm，横径8~12cm，单果重1 000~1 500g，果实起棱前果皮青绿色，味苦，起棱后果皮变白，苦味消失，成熟后味香甜。中心可溶性糖含量10%左右，品质中等。其开花到成熟需30~32d，抗病力较强，现栽培面积较小。

（3）小银瓜　蔓短，叶小，生长势较弱，中早熟，果实较小，单果重500~1 000g，成熟后果皮银白色，甜脆爽口，品质好，中心可溶性糖含量10%~13%，开花到成熟需26~28d，抗病性差，目前种植面积较少。

**4. 壮苗培育**

冬春季日光温室栽培一般在11月上旬播种，大拱棚栽培在11月下旬至12月上旬播种，小拱棚在2月上、中旬播种。

为防止枯萎病等病害的发生，重茬地多采用嫁接栽培。青州市农业局通过多年嫁接试验证明，以当地地方笋瓜品种“青州白玉瓜”作砧木嫁接效果最好，也可选用全能铁甲、新土佐等作砧木。采用靠接法嫁接，砧木和银瓜种子为同穴播种。嫁接后苗床温度，白天25~28℃，夜间15~18℃。空气相对湿度保持在90%~95%之间，嫁接当日和次日必须遮光，第三日早晚揭掉覆盖物。3~4d后逐渐通风，以降低棚室内空气湿度，至嫁接成活，即可转入正常管理。

适龄壮苗标准：苗岭40d左右，子蔓第一片真叶长出，幼苗生长健壮，不徒长，叶色浓绿，茎粗壮，根系多而发达。

**5. 整地作畦**

在青州银瓜定植前首先要整地作畦，及时清除石砾、杂草等。按行距1.5m挖沟，沟宽50～60cm，沟深40～60cm，将挖出的沙土铺于沟侧，晾晒8～10d后填入沟中，填土至距地面20cm时，每667$m^2$铺施充分腐熟的优质农家肥3 000～4 000kg、硫酸钾复合肥30kg、豆粕50kg。土肥混匀，整平沟面使距地面5cm左右，以备栽植。定植前一天，苗床浇透水。

**6. 定植**

日光温室定植期为12月下旬至翌年1月上旬，大拱棚为2月中、下旬，小拱棚为3月下旬。定植前一周，苗床上控水、降温，进行炼苗，直到幼苗完全适应外部环境，选晴天上午定植。定植时从营养钵中取下土坨，一般按株距33cm左右定植，每667$m^2$栽植1 300～1 400株，浇水后覆盖地膜。

**7. 定植后的管理**

（1）棚温管理　定植后一周，白天保持棚温28～30℃，夜间保持棚温18～20℃。伸蔓期适宜温差10～13℃，结瓜后温差保持在15℃左右。

（2）浇水施肥　青州银瓜定植地块为沙地，因此，土地保水性差，需水量大。幼苗期以小水点浇为主，每2～3d浇一次水。在开花期适当控制浇水，防止水分过多造成瓜秧徒长，导致落花落果。果实生长中后期需供足水分，促进果实迅速生长。果实膨大期浇水以早晨和傍晚为好，中午浇水易造成裂果。

为使青州银瓜丰产，在浇水的同时还应分期配合追肥。第一次追肥于子蔓具5～6片叶时，每株施粉碎豆饼100g、复合肥25g，在瓜沟两株之间开小沟追肥，肥料与土混匀，再覆土封闭。第二次在定瓜后，追施氮、磷、钾复合肥，每株施50g，补充果实膨大时对养分的需要。第三次在银瓜采收前10d，可追施少量氮素化肥促进二茬瓜迅速生长。

（3）整枝打杈　青州银瓜具有3片真叶时进行第1次摘心，促进腋芽萌发生长，形成2条一次分枝，称为子蔓。待子蔓伸长，将其引向瓜沟两侧进行固定。待子蔓具7～8片叶时，进行第二次摘心，除去子蔓基部腋芽，因基部腋芽长成茎蔓后生长弱，故弃而不用，上部腋芽发生2～4次分枝，称为孙蔓，这样每株可有孙蔓4～8条。

（4）保花保果　正常情况下，孙蔓的第1、第2叶腋间皆可出现雌花，但一般只留1个瓜。棚室内第一瓜需要人工授粉，从二茬瓜开始不用授粉，而靠蚂蚁等昆虫授粉。全株可选留4～5个瓜。待瓜完全坐住后，在瓜前留3叶摘心。

#### 8. 采收

当银瓜充分长大，脐部现黄色，表皮变白或淡黄时及时采收。因青州银瓜皮薄质脆，不耐贮存和运输，远途运输应在八九成熟时即可采收。采收时用剪刀将蒂部与瓜蔓连接处轻轻剪断，拂去瓜面砂土，用柔软的纸张包好，并用泡沫箱装箱运输。远途运输最好先预冷，再贮运。

### （五）山东寒亭冰糖子甜瓜大拱棚栽培技术

潍坊市寒亭区自2005年开始在大拱棚种植冰糖子甜瓜成功，近几年发展迅速，已达到近667hm$^2$，每667m$^2$收入可达15 000元，成为寒亭区的主要支柱产业之一。

#### 1. 茬口安排

利用大拱棚覆盖栽培甜瓜，投资少、效益高，这种栽培方式在潍坊市寒亭区应用较早，起初仅进行早春甜瓜一茬种植，后来发展到早春甜瓜加玉米两茬种植，再后来早春甜瓜加茼蒿（或其他蔬菜）种植。近几年来，把原来的种植模式改为早春甜瓜、秋延迟潍县萝卜两大茬的种植模式，农民收入更加提高，一般每667m² 产甜瓜 4 500kg 以上，收入 13 000～14 000元；生产成品潍县萝卜6 000个，收入9 000元，扣除成本每667m² 纯收入达到18 000元。目前该模式已在潍坊市寒亭区大面积推广，深受农民的欢迎。

早春冰糖子甜瓜一般在 12 月中下旬育苗，2 月上中旬定植，4 月中下旬采收第一茬瓜，6 月中下旬采收第二茬瓜。秋延迟潍县萝卜一般在 8 月下旬～9 月上旬播种，11 月上旬～1 月下旬采收。

### 2. 栽培设施

栽培设施为拱圆形塑料大棚，棚脊高 1.8m，跨度 6.5～7.0m，长 100m，东西走向，棚间距离 1.5m。大棚要在封冻前建成，材料采用竹竿、水泥短柱等。

大棚采用“三膜一苫”或“四膜二苫”覆盖保温方式，即大拱棚里套小拱棚，小拱棚里盖地膜，小拱棚外面盖草苫。

### 3. 播种育苗

冰糖子甜瓜栽培忌重茬，连续栽培二年的地块一般减产20%～30%，严重的甚至绝收。实践证明，采用嫁接技术和多层覆盖方式，不仅可以有效解决甜瓜重茬减产问题，而且可以使甜瓜安全度过早春低温阶段，提早上市。具体操作方法如下。

（1）适时播种　利用白籽南瓜作嫁接砧木，冰糖子甜瓜作接穗。12 月上旬播种，因为南瓜苗比甜瓜苗的生长速度快，因此，播种时间甜瓜要比白籽南瓜早播种 2～3d。

（2）播种方法　南瓜种催芽后播种在营养钵内，催芽温度掌握在 30～35℃之间，出芽后播种覆土，盖地膜，夜间盖草苫保温。

甜瓜播在苗畦中，播种方法同南瓜，待南瓜子叶展平（大约15d），甜瓜1叶1心时进行嫁接。

(3) 嫁接方法及苗床管理　采用插接法嫁接，嫁接方法及嫁接后管理参照本书“嫁接育苗技术”部分。

### 4. 整地作畦

为提高地温，可在定植前一个月扣棚提温，棚内进行深翻、整地、开沟。甜瓜每个棚内种植6行，在棚内东西向开6条沟，沟内按每667m$^2$ 施入腐熟优质农家肥5 000kg、氮磷钾复合肥50kg、硫酸钾70kg、钙肥35kg，施入肥料后埋沟作垄。每两条垄建一小拱棚，上覆塑料薄膜和草苫。

### 5. 定植及定植后管理

(1) 定植　2月上中旬定植，在垄上开穴栽苗，定植株距75～80cm，每667m$^2$ 可栽苗800株左右。

(2) 棚温管理　定植后，为保证夜温，晚上在小拱棚上加盖草苫。随着外界温度升高，可撤掉小拱棚，并适当放风降温，白天可将温度控制在28～35℃。当夜间最低气温稳定在13℃以上时，可昼夜通风。中后期管理上注意加大昼夜温差，严防徒长。

(3) 浇水施肥　缓苗后，浇足缓苗水。底肥充足，土壤墒情适宜时，直到坐瓜前不必追肥浇水，适当蹲苗，促进瓜秧根系下扎。瓜坐住后，结合浇膨瓜水追1次膨瓜肥，每667m$^2$ 冲施高钾复合肥40kg。以后视土壤墒情适时浇水，每次浇水冲施高钾复合肥30～40kg。果实膨大期，一般浇2～3次水，每次水都要浇足。甜瓜定个后，停止浇水，促进果实成熟。如果采收期不集中，头茬瓜采收后，二茬瓜坐瓜时再结合浇水并冲施1次化肥。

(4) 植株调整　冰糖子甜瓜以子蔓或孙蔓结瓜为主。采用爬地栽培，3～4蔓整枝。幼苗3～4片叶时摘心，选留3～4条健壮子蔓，分别拉向不同的方向。每蔓7～8片叶时打头留孙蔓，孙蔓长到2~3片叶时打头以促花。见瓜就留，一般整个生育期每株留瓜8~10个，瓜坐住后20d左右，可在瓜下垫草，以保持瓜面清洁，减少烂瓜，同时选择晴天翻瓜，使瓜着色均匀，成熟快。

#### 6. 主要病虫害防治

主要病害有白粉病、枯萎病、疫病、蔓枯病等，发病初期及时用药剂防治，常用药剂有甲霜灵、甲基硫菌灵、代森锰锌、嘧菌酯、霜脲氰·锰锌、恶霉灵、苯醚甲环唑、氟硅唑、咪酰胺等。虫害主要是白粉虱、蚜虫等，可选用吡虫啉、啶虫脒、溴氰菊酯等防治。

#### 7. 采收

冰糖子甜瓜的采收适期是糖分达到最高点但果肉尚未变软时，其判断标准是：开花后30d左右，果皮黄绿，瓜前叶变黄，形成离层，脐部发软，有香气。采收应在早上瓜的温度较低（20℃以下），瓜表面无露水时进行。

### （六）山东莱西薄皮甜瓜棚室栽培技术

山东莱西薄皮甜瓜种植面积约0.4万$hm^2$，其中，设施栽培面积占95%以上，主产区在莱西市的马连庄、店埠、李权庄等镇，是山东省设施薄皮甜瓜集中种植区之一。

#### 1. 茬口安排

莱西薄皮甜瓜种植茬口以越冬茬和早春茬为主，具体种植时间视设施条件而定，日光温室主要进行冬春茬栽培，大拱棚主要进行早春茬栽培（表21）。

表 21　莱西薄皮甜瓜栽培设施与种植茬口

| 时期 | 日光温室 | | 大拱棚 |
|---|---|---|---|
| | 冬春茬 | 早春茬 | 早春茬 |
| 播种 | 11 月下旬 | 12 月中旬 | 1 月上旬 |
| 嫁接 | 12 月上旬 | 1 月上旬 | 2 月上中旬 |
| 定植 | 1 月上旬 | 2 月上中旬 | 3 月上中旬 |
| 授粉 | 2 月上中旬 | 3 月中下旬 | 4 月中旬 |
| 采收 | 3 月中下旬 | 5 月上旬 | 5 月中下旬 |

## 2. 品种选择

该地区薄皮甜瓜种植品种主要是甜宝。该品种果实近圆形，果皮绿白色，花后 35d 成熟，成熟时果面有黄晕，单果重 400g 左右。坐果容易，抗病性强，耐运输。

## 3. 壮苗培育

（1）适时播种　插接时砧木应比甜瓜早播 4～7d（夏季 4d，冬季 7d）；靠接时接穗比砧木早播 4～6d。具体播种方法：先将种子在 30℃左右的温水中浸泡 6～8h，捞出晾去种皮上的水分，用湿布包好，置于 30℃左右的条件下催芽，出芽后播种。早春最低气温稳定在 15℃以上时播种。播后覆土 0.5cm，然后覆一层地膜保温、保湿，待 80%以上拱土时揭掉薄膜。

（2）床温管理　早春育苗时，播后出苗前，白天保温 28～32℃，夜间不低于 17℃，出苗后可适当降低温度，白天保持在 22～25℃，夜间 15℃。育苗后期应降低温度，停止浇水锻炼幼苗。

（3）嫁接技术　砧木苗过小时嫁接易开裂，大则茎空心大，接后不易愈合，插接的最适时期是砧木真叶 1～2 片，接穗子叶开始由黄转青（即砧木出现第一片真叶，接穗两片子叶开展）；靠接的最佳时期是接穗第二片真叶刚刚开始展开，砧木第一片真叶开始展开。

甜瓜嫁接方法主要有插接法和靠接法。莱西地区以靠接法为主。

嫁接后管理可参照“嫁接育苗技术”部分。

**4. 整地作畦**

定植前应每 667m$^2$ 施入充分腐熟的有机肥（以优质鸡粪肥为例）1 000～1 500kg，深翻旋耕 30cm，然后施入氮磷钾复合肥 75～100kg，耙细整平后起垄或做畦，于定植前 6～7d 覆膜。

**5. 定植**

当苗龄 35～40d，幼苗 3 叶 1 心时即可定植。莱西地区种植模式主要有 2 种，即吊蔓栽培和爬地栽培。吊蔓栽培的，起垄单行定植，株距 32～35cm，大行距 1.2m，小行距 0.4m，定植密度为每 667m$^2$ 2 000株。

爬地栽培的，定植株距 25～27cm，畦宽 3～3.5m，每 667m$^2$ 栽 1 000株左右。定植前先浇水，水渗后，开定植穴，穴深 8～10cm，随栽苗，随覆土。

**6. 定植后管理**

（1）棚温管理　缓苗期间，白天 25～30℃，夜晚 17～20℃，地温 20℃左右，最低要求 15℃以上。可通过搭天幕，架小拱棚或盖草帘的方法来提高温度。缓苗后到坐瓜前，以营养生长为主，白天 28～30℃，夜间 18～20℃，地温 15℃以上。春季晴天气温提升较快，棚室内达到 35℃高温时，应及时通风。外界最低气温高于 15℃时，昼夜放风，以免徒长。

（2）浇水施肥　早春棚室内栽培甜瓜，在定植时气温低，水分蒸发少，在浇过定植水后应注意保温，控制浇水。缓苗后分次中耕划锄，促进根系下扎。授粉前浇小水润地，既满足授粉后瓜膨大对水分的需求，又可防止后期浇水造成裂瓜。果实迅速膨大期，需水量大，且以吸收钾肥为主，可结合浇水每 667m$^2$ 追施施硫酸钾 10kg、磷酸二氢钾 10 ~ 20kg。同时，施用含有多元微量元素、氨基酸钙等成分的叶面肥，调控植株长势。果实成熟期应减少浇水，可喷施叶面肥如磷酸二氢钾等，防治植株早衰。

（3）整枝打杈

①吊蔓栽培。多采用双蔓整枝，幼苗 4 ~ 5 片叶时将主蔓摘心，选留 2 条生长健壮、长势一致的侧蔓，待其长至约 40cm 时进行吊蔓。选留子蔓中部 10 ~ 15 节开花一致的孙蔓留瓜，并留 3 ~ 4 片叶摘心，促进果实发育，其余孙蔓全部抹去，待 2 条子蔓长至 25 片叶以上时进行摘心。甜瓜雌花数较多，一般一条子蔓留 2 ~ 3 个瓜为宜，一株留 4 ~ 6 个瓜，其余花、果应及时疏去。

②爬地栽培。与吊蔓栽培相比，此方法可在气温较低时覆膜保温，使甜瓜提早上市。采用双蔓整枝，但分子蔓留瓜和孙蔓留瓜两种整枝方式。

a. 孙蔓留瓜（莱西李权庄镇）：多数大拱棚种植采用此种方法。幼苗单行定植，4 ~ 5 片叶时将主蔓摘心，选留 2 条生长健壮、长势一致的子蔓，使其向行两侧生长。开花后选择子蔓中部 9 ~ 10 节的开花一致的孙蔓留瓜，每条孙蔓留 3 ~ 4 片叶摘心，促进果实发育，其余孙蔓全部抹去，每条孙蔓留 2 ~ 3 个瓜，其余瓜及时疏去。待瓜采收后，再选择子蔓前部开花一致的孙蔓留二茬瓜，每条蔓留 2 ~ 3 个瓜后摘心。

b. 子蔓留瓜（马连庄镇）：幼苗双行定植，3 ~ 4 片叶时将主蔓摘心，选留 2 条生长健壮、长势一致的侧蔓，使其向行一侧生长。喷施增瓜剂，促使子蔓出现雌花，选 8 ~ 9 节位雌花留瓜，每条子蔓留 2 ~ 3 个瓜，孙蔓全部抹去，待子蔓长至 25 片叶时摘心。瓜成熟采收后，将子蔓去掉，选留基部 2 条生长健壮的侧蔓留作二茬。

（4）保花保果　棚室内栽培的一般要采取保花保果措施，一般用高效坐瓜灵喷花。在每天上午 10 点前，当第一个雌花开放前用小型喷雾器从瓜胎顶部对花及瓜胎定向喷雾。注意最好用手掌挡住瓜柄及叶片，以防瓜柄变粗、叶片畸形。喷瓜胎时，一般一次性处理 2～3 个，这样一次性处理多个瓜胎，坐瓜齐，个头均匀一致。为防止重复喷花而出现裂瓜、畸形瓜现象，可在药液中加入一定的色素做标记。

### 7. 病虫害防治

当地薄皮甜瓜发生的主要病害有白粉病、蔓枯病、炭疽病、枯萎病、疫病、霜霉病等，主要虫害有蚜虫、白粉虱、蓟马等，要及时早防治。

## （七）山东喻屯薄皮甜瓜大拱棚栽培技术

山东省济宁市任城区喻屯镇是济宁市近郊乡镇，从 20 世纪 90 年代开始利用大拱棚种植薄皮甜瓜，并采取了大拱棚薄皮甜瓜与水稻轮作栽培模式，种植面积已发展到 3 300 $hm^2$，成为济宁市成功调整农业产业结构的一大亮点。

### 1. 栽培季节与茬口安排

喻屯大拱棚薄皮甜瓜采取冬春茬栽培，1 月中、下旬播种育苗，2 月中、下旬定植，4 月中、下旬进入始收期，5 月中、下旬收获二茬瓜，6 月中、下旬拉秧。下茬作物种植水稻。

### 2. 栽培设施

喻屯大拱棚为竹木结构，大拱棚跨度多为 8～9m，脊高 1.7～1.8m，高跨比约为 0.2，较一般的竹木结构大拱棚脊高低约 0.3～0.4m。夜间保温除覆盖一层厚约 2cm 的草苫外，还加盖一层旧棚膜。与一般竹木结构大拱棚相比，喻屯大拱棚的优点：一是冬季晴天白天能快速提高棚内的气温和地温；二是降低大拱棚的脊高后便于揭盖保温覆盖物，减轻劳动强度。试验证明，喻屯大拱棚与一般竹木结构大拱棚同时扣棚，可提前 3d 达到 10cm 地温 13℃（薄皮甜瓜种植的地温条件），甜瓜提前 2d 成熟。

### 3. 品种选择

选择早熟、优质丰产、抗病、耐低温、耐湿、耐弱光且适合当地种植习惯的品种，主要品种有景甜 208、盛开花等。近几年试种表现较好的新品种还有星甜 18、极品早雪等。

### 4. 壮苗培育

（1）苗床建造　采取大拱棚内育苗或改良阳畦育苗，用拱棚育苗的要采取多层覆盖。育苗床为温床，主要有电热温床、燃煤炉温床、火道温床等。

（2）营养土配制　选用未种过葫芦科蔬菜的肥沃田土，每 $m^3$ 营养土中加入充分腐熟的畜禽粪肥 50～75kg，硫酸钾复合肥（氮、磷、钾各占 15%）2kg，过磷酸钙 15kg，40% 多菌灵可湿性粉剂 250g，土、肥、药充分混匀，堆闷 7～10d 装育苗营养钵。

（3）适时播种　适宜播种期为 1 月中、下旬。播前进行选种和浸种催芽，以提高出苗率。播种前将苗床浇足底墒水，使营养土湿透，然后加温，使苗床 5cm 土温达到 20～25℃。播种时将催出芽的种子平放在营养钵中，然后覆 0.5cm 厚的药土，最后覆上地膜。

（4）苗床管理

①温度管理。出苗前气温 28～35℃，地温 20～25℃。子叶拱土时及时撤去地膜，晴天白天气温 22～25℃，阴天可适度降低 3～5℃；上半夜气温 15～18℃，下半夜气温 8～12℃。两片子叶展平至 3 叶 1 心时，白天 25～32℃，上半夜 15～18℃，下半夜 5～10℃。

②水分管理。甜瓜 1 叶 1 心后秧苗生长加快，应及时补充水分，浇水要选择在晴天上午进行，浇水量要足，使苗床和营养钵洇透。

③秧苗锻炼。为使幼苗适应定植后的环境，迅速缓苗，可于定植前 2～3d 加大通风量，对秧苗进行降温锻炼。秧苗定植时育苗床环境条件应基本与定植棚一致。

### 5. 整地作畦

因为当地甜瓜的前茬为水稻，土壤有机质含量高，肥力足，根据甜瓜的需肥规律，有机肥施用量不宜过大。一般每 667$m^2$ 施充分腐熟的畜禽粪 500～1 000kg，结合整地施入，并适当配施硫酸钾复合肥 50kg，硫酸钾肥 25kg。整地时一般作畦宽 1.2m 的高畦，每畦栽双行，畦沟底宽 30cm、畦高 25cm。

### 6. 定植

2 月中、下旬定植，定植时棚内 10cm 地温稳定在 13℃以上。选择冷尾暖头的晴好天气定植，保证定植后 3～5d 保证光照充足。根据品种及整枝方式确定栽培密度，如盛开花，每 667$m^2$ 栽 1 800～2 000株；景甜 208，每 667$m^2$ 栽 1 900～2 000株；星甜 18 和极品早雪，每 667$m^2$ 栽 2 000～2 200株。定植时往穴里浇水，浇水量以浇透为准，当穴里水快要渗完时栽苗，或者栽完后再浇透水。栽植时一定要浅栽，以免造成缓苗困难。定植后根据土壤的干湿程度确定是否需要及时覆盖地膜，如果土壤墒情适合覆盖地膜，地膜覆盖得越早，地温升得越快，根系下扎越快，缓苗就越早，便于甜瓜的生长。同时，覆盖地膜后还可以降低棚内空气湿度，减少病害的发生。

### 7. 定植后的管理

（1）温度管理　定植后前期以保温为主，一般白天棚温 28～

30℃，夜间17～19℃，以利于缓苗。在保证正常温度下，草苫要进行早揭、晚盖，以便于延长光照时间。开花坐果前，一般白天棚内温度28～30℃，夜间15～17℃。坐果后，白天棚内温度25～30℃，夜间13～15℃，加大昼夜温差，有利于干物质的积累，提高果实品质。

（2）肥水管理　缓苗后浇一次透水，在开花前7～10d浇一次花前水。坐瓜后待甜瓜长至核桃大小时随水冲肥，每次每667$m^2$冲施优质硫酸钾复合肥20～25kg，或磷酸二铵20kg、硫酸钾5～10kg，一般整个果实膨大期冲二次肥便可。前期灌水一般在晴天上午进行，结果后期在傍晚进行，掌握地面干湿交替原则。在采收前7～10d停止浇水，以提高甜瓜的品质。

（3）植株调整　喻屯大拱棚甜瓜采取爬地栽培方式，常采用双子蔓八孙蔓整枝和三子蔓九孙蔓整枝两种方式。

①双子蔓八孙蔓整枝。瓜苗3～4片叶摘心，选留两条健壮子蔓，子蔓4片叶摘心，每子蔓留4条孙蔓，孙蔓1片叶摘心，每条子蔓或孙蔓选留1个瓜，每株可坐瓜4～5个。孙蔓坐瓜后的重孙蔓不再摘心，没坐住瓜的孙蔓可摘除。

②三子蔓九孙蔓整枝。瓜苗3～4片叶摘心，选留3条健壮子蔓作结果蔓。子蔓3片叶摘心，孙蔓1片叶摘心，每条子蔓或孙蔓选留1个瓜，每株可坐瓜4～5个。没坐瓜孙蔓去掉，孙蔓坐瓜后的重孙蔓不再摘心。

（4）保花保果　大拱棚内早春昆虫少，必须人工辅助授粉或用生长调节剂涂抹甜瓜子房促进坐果。常用的生长调节剂有坐瓜灵和2，4-D。2，4-D用量，一般在气温20～25℃时，用4支（浓度0.5%，每支容量2ml）对水0.5kg；气温26～28℃时，3支对水0.5kg；气温28～30℃时，2支对水0.5kg。

#### 8. 主要病虫害防治

喻屯大拱棚甜瓜由于与水稻轮作，病害极少发生。常见病害主要有霜霉病、细菌性角斑病、疫病、炭疽病、蔓枯病、白粉病等。病害以预防为主，综合防治。合理的栽培措施是防病的关键。除选上茬为水稻的地块种植外，大拱棚内合理通风，避免大水漫灌，有效降低棚内湿度；甜瓜整枝摘心选择晴天进行。一旦出现病害，及早用化学药剂防治。霜霉病、疫病可选用95%恶霉灵可湿性粉剂3 000～4 000倍液，或72.2%霜霉威水剂600倍液防治。炭疽病、蔓枯病、白粉病可选用25%咪鲜胺乳油1 000～1 500倍液，或50%醚菌酯干悬浮剂3 000～4 000倍液，或40%多·福·溴菌腈可湿性粉剂800～1 000倍液防治。细菌性角斑病可选用50%琥胶肥酸铜（DT）可湿性粉剂500倍液，或25%瑞毒铜可湿性粉剂600倍液防治。

**9. 采收及运输**

甜瓜采收时间最好在上午，易裂的品种在傍晚采收。采摘前一周停止灌水。采收的甜瓜，可在田间利用较低的气温预冷一夜。甜瓜的包装最好用木箱和纸箱。运输时一定要轻装、轻卸，及时运往销售地点。近距离直接装车时，要将每层瓜用草隔开，尽量减少压伤。

# 十二、甜瓜采后处理与销售

## （一）采后处理技术

### 1. 采收

甜瓜的采收期比较严格，过早采收，果实含糖量低，香味差，有时甚至有苦味。在生产上一般黄皮瓜比较好判断成熟。有些品种如白皮瓜，网纹瓜，要准确判断成熟度，确定收获期比较困难。需要有熟练的判断能力。成熟瓜的一般的标准如下。

①成熟瓜表现出该品种固有的特征，如色泽、网纹、香气、甜度等，成熟瓜一般有光泽。有的品种有浓郁的香味，瓜皮花纹清晰，充分显示其品种固有色泽，网纹品种则网纹硬化突出；白兰瓜等品种果蒂处产生离层，瓜蒂开始自然脱落；开始发出本品种所特有的香味等。

②成熟瓜的内部胎座开始离解，脐部变软，用手按脐部会感到有明显的弹性。

③瓜柄附近茸毛脱落，瓜蒂部有时会形成环状裂纹。

④无论是网纹品种还是光皮品种，在收获期临近前，瓜前叶一般都要发黄，叶绿素减少，产生缺镁病症状。

要保证采收到成熟瓜，最稳妥的办法是标记生育期。其方法是将授粉日期牌挂到授粉果的侧枝上或果柄上，到预计果实成熟后，先摘下一个果实进行测试，糖分达到要求时，再陆续收获其他果实。一般薄皮甜瓜早熟品种授粉后 22 ~25d 成熟，中晚熟品种35 ~40d 成熟；厚皮甜瓜早熟品种 35 ~45d 成熟，中熟品种 45 ~55d 成熟，晚熟品种65～70d成熟。也有客户对甜瓜有特殊消费需求，成熟度有特别要求，可以根据客户要求采摘。为提高品质和耐贮运性，采摘前7～10d应停止灌水和施肥。就近销售和短途运输的瓜，可在清晨采摘九至十成熟的瓜；长途外销的瓜，宜在下午4～5点采摘八至九成熟的瓜；冬藏用的瓜，多采摘八至九成熟的瓜。

甜瓜采收时要用小刀或剪刀切除，采摘必须轻采轻放，并用纸或软棉布擦拭干净瓜面的水滴及污物，随即用泡沫网套起，装箱(筐)。厚皮甜瓜采瓜时多将瓜柄剪成“T”字形。薄皮甜瓜多留1～2cm长瓜柄，也可不带瓜柄。

**2. 分级**

甜瓜分级是按甜瓜商品质量的高低划分的商品等级。甜瓜产品分级则是在甜瓜生产标准化基础上实行的。甜瓜商品标准化则是在甜瓜生产、加工、销售等领域或环节推行商品标准的过程。划分甜瓜品级和实施标准化，对于促进瓜农和经销商提高产品质量，限制劣质瓜进入商业网，实行分等论价、按质论价、优质优价、劣质劣价，正确对待物价政策，维护工商企业的信誉，保护消费者利益，给甜瓜市场营销发展带来许多好处。

然而，目前甜瓜标准化生产尚在起步阶段，生产无序化问题比较突出。省内目前仅有甜瓜生产的地方性标准，尚缺乏统一的产品分级标准。只是笼统针对某一类产品划分合格和不合格产品，而且话语权主要掌握在经销商手里，随意性比较大。要改变这种现象，最好由专业合作社或行业协会组织，制定具体的甜瓜分级标准，针对某一种或相同类型的甜瓜，在生产的标准和产品的色泽、网纹、甜度以及形状和重量等方面做出具体规定。具体产品应完整、新鲜、洁净；无异味，无病虫害；应具有该品种特有的果皮颜色和果实形状。早熟和中熟品种的果皮和果肉的厚度、密度、汁液的多少和滋味是不同的，但应具有该品种的特征。制定的标准能够在企业或行业内切实可行，从而有序引导甜瓜生产和市场销售。

### 3. 包装

合格甜瓜采收后，单瓜套泡沫网或包一层纸，装入纸箱或塑料箱。包装箱能够在贮运过程中最大限度地保护甜瓜的安全，要求能够抗压、透气、耐搬运。包装材料应无毒性，不会引起果实的外部或内部变化。出厂时箱体要标有产品编号及合格证。可采用普通纸盒箱、泡沫箱、塑料箱等，有条件的可以开发专用包装箱，包装箱具体尺寸可灵活掌握，一般大型瓜（单瓜重1.25～2kg）每箱装2或4个，中型瓜（单瓜重0.75～1.25kg）装6或8个瓜，小型薄皮甜瓜（单瓜重小于0.5kg）每箱8～12个。装箱时瓜间用瓦楞纸隔开，箱体有透气孔。包装容器应消毒处理，做到洁净、干燥、无异味。用于周转运输也可以使用竹筐或柳条筐（但不要装满，上部留一些空间）。近距离直接装车时，要将每层瓜用草隔开，尽量减少压伤。

### 4. 预冷

预冷是将新鲜采收的产品在运输、贮藏或加工以前，尽早迅速去除田间热，冷却到适宜温度的过程。适当的预冷可以降低腐烂和保持采前的鲜度及品质。采后预冷是贮藏、流通中重要的前处理技术，是采后冷链物流保鲜的重要环节。然而，预冷的温度不可过低。温度低于适宜的温度，即超出其耐冷力时，易发生低温冷害，成熟甜瓜在低于0℃时便会产生明显冷害。甜瓜预冷处理的适宜温度为3～4℃。大、中、小不同规格的甜瓜预冷时间有显著差异，应将不同规格的甜瓜分开预冷。考虑预冷速度，预冷时采用纸箱包装、差压预冷方式效果最好。差压预冷成本较低，效益较高，是果蔬采后流通品质的重要保证，值得推广使用。另外通风冷却、强制通风冷却方式（冷库）都可采用。

## （二）贮运技术

### 1. 甜瓜的贮藏

（1）贮藏场所和包装材料消毒　要做好甜瓜贮藏保鲜工作，除了挑选完整无损的果实外，贮藏场所和包装材料的消毒也是十分重要。把包装材料放在密封贮藏库中，用硫磺熏蒸方法，每 $100m^3$ 容积用硫磺约 3kg、把硫磺与锯末掺在一起，点着使其发烟，关闭门窗，熏两天，然后打开库门窗通气。也可以用 2% 的福尔马林溶液喷洒消毒。

（2）果面防腐处理　化学防腐剂在甜瓜贮藏中有一定作用。蒲彬等研究证明，采用水果防腐剂抑霉唑（简称 YMC）处理炮台红甜瓜，不仅降低甜瓜的腐烂率，而且还可以减轻瓜的腐烂程度。在窖温 －1～1℃，空气相对湿度为 86%～94% 的范围内；用 0.05% 和 0.075% 的浓度处理炮台红，贮藏 89d，其腐烂率均为 2.5%，贮藏 100d，腐烂率分别为 15% 和 17.5%，比未用药剂处理的好瓜率显著提高，同时推迟了甜瓜的开始腐烂期。贮藏 89d 后，以 0.05% 和 0.075% 的浓度处理，甜瓜的腐烂指数分别为 23.75% 和 15%，仍具有较高的商品价值。从甜瓜的贮藏来看，哈密瓜的适宜贮藏期为 3 个月。若用抑霉唑的适合浓度处理炮台红，贮藏期可延长到 100d，好瓜率达 85% 以上。

实际应用中可使用 55～60℃的温水浸瓜 1min，然后用 0.2% 次氯酸钙或 0.1% 多菌灵等浸瓜 1min，晾干后套上泡沫网套待储。或用 0.1% 托布津等浸瓜 2～3min，捞出晾干后再用稀释 4 倍的 1 号虫胶涂抹瓜面，以形成一层半透明膜，晾干后包装入箱。果面防腐处理最适合于厚皮网纹甜瓜长期贮存。

（3）库内甜瓜的堆码　甜瓜经过挑选、分级后装入果箱中，搬入贮藏库。箱在库内按一定方式堆放稳。在瓜垛底放托盘等物，注意堆与堆之间、果垛与墙壁及库顶之间均应留有一定的距离，便于通风换气。一般每 $m^3$ 可放果实 100～150kg。有些产瓜区，甜瓜在贮藏库不是装箱贮存，而是成堆散放，即在贮藏库内用竹、木、钢，筋及芦苇、秸秆等搭成架子，再把甜瓜按层整齐地摆在架子上。无论是散放的还是箱装的甜瓜，在甜瓜放置时，应把耐贮藏、晚出库的品种放在库的里边，耐贮藏性差的放在靠库门的一端，这样便于管理，出库方便。

(4) 库内温度、湿度和通风管理　甜瓜贮藏库温度、湿度和通风管理是一项很重要的工作，不仅对自然湿度库（包括棚窖、通风库、地下库）是这样，对机械冷藏库也是如此。

自然温度库的通风降温按季节可分为 3 个阶段。

①秋季。北方地区白天和夜间气温有一定差别，初入窖的甜瓜，果温和窖温均高，呼吸作用旺盛，加上甜瓜带入的田间热，使窖温升高。这时利用通风设备，把外界的低温引入窖内，降低窖温和果温。

②冬季。进入冬季，气候寒冷，甜瓜经过秋季一段时间的贮藏，已经或接近适于贮藏温度。这时的管理主要是保温防冻。特别要注意防止冷空气突然进入窖内，伤害甜瓜。窖内的通风换气应在白天中午气温较高时进行。换气时间不宜过长，通风次数也要比秋季少。

③春季。立春以后，气温和土温回升较快，这时的管理主要是防止窖温升高。白天气温高时把窖的门窗和通气孔全部堵塞，夜间外界气温比窖温低时，打开门窗和通气孔，进行气体交换，尽可能使窖内保持较长时间的低温，以延长甜瓜贮藏时间。通风换气除了降低窖温外，还可以把库内不利于甜瓜贮藏的气体，如乙烯等排出库外，以利于甜瓜贮藏。

机械冷藏库和气调库密封性能好。前者用风机更换库内空气，后者除了调节库内氧和二氧化碳浓度比例外，也要采取措施吸除库内对甜瓜贮藏不利的气体成分，净化空气。机械冷藏库和气调库属于恒温贮存，贮存温度保持 3～4℃，保持冷库相对湿度 85%～90%。湿度是影响贮藏甜瓜品质的重要因素之一。湿度低，甜瓜自然损耗多，甜瓜失水萎缩，影响商品价值。由于库内通风换气，使贮藏库内湿度下降，所以要给库内适当加湿，一般空气相对湿度以 80%～90% 为宜。

**2. 甜瓜的运输**

甜瓜应在干燥、洁净和推荐的温度条件下运输。甜瓜在夏季高温时采收，温度在 30℃以上，在运输装车尤其是装保温冷藏车或进入贮藏室之前，都应预冷，这是全过程冷链的必要环节。预冷温度可设置在 3～4℃，起运开始前结束预冷为宜。

运输甜瓜的基本要求：快装快运，减少途中耗时。轻装轻卸，减少碰撞损失。防日晒雨淋，加强途中通风、降温、除湿。运输甜瓜的工具有铁路、公路、水路、航空等。最快捷为空运，但费用太高。最便宜为水路航运，但耗时太长。目前，最佳的运输方式是火车和高速公路汽车快运。

## （三）甜瓜产销特点与营销

目前甜瓜生产销售形势呈现出以下特点：

**1. 实现了规模化、特色化生产**

山东省甜瓜生产的规模化、特色化趋势明显，涌现出一批规模大、有特色的甜瓜生产基地，全省著名甜瓜基地有：莘县厚皮甜瓜生产基地，主要以早熟黄皮瓜类型为主，如瑞红、四特等；寿光稻田厚皮甜瓜生产基地，以黄皮类型和哈密瓜类型为主；济宁任城区、菏泽牡丹区白色早熟薄皮甜瓜生产基地；章丘景甜 5 号特色甜瓜生产基地；寒亭区冰糖子特色甜瓜生产基地；莱西甜宝特色甜瓜生产基地；海阳鲁厚甜 1 号特色甜瓜生产基地等。这些基地靠规模化、专业化的生产，努力提高管理水平，开拓市场，每个生产基地多在 1 000hm$^2$，全省最大的莘县甜瓜基地面积超过 5 000hm$^2$。每 667m$^2$ 收入少则 1 万元，多则 6 万元，取得了显著的经济效益。

**2. 栽培季节和栽培形式多样，基本做到周年供应**

甜瓜生产中，基本实现了设施化生产。薄皮甜瓜多为早春设施栽培方式；厚皮甜瓜生产则主要有冬春茬栽培、越夏栽培和秋延迟栽培。

甜瓜栽培方式的多样化，大大延长了产品的供应期。比较典型的例子如海阳网纹甜瓜的生产：海阳市近年来引进嫁接技术及秸秆反应堆技术，成功实现了日光温室网纹甜瓜的周年栽培，从 11 月至翌年 8 月均有播种、育苗、定植，从 3 月至翌年 1 月均有产品供应。

**3. 甜瓜生产水平不断提高**

随着甜瓜产业的不断发展，设施栽培方式多样化的同时，组装配套了选用优良品种、早春多层覆盖、嫁接栽培、多次留瓜、专用肥应用、微滴灌、生长调节剂应用、病虫害综合防控等多项技术，使甜瓜产量水平不断提高。如山东莘县选用伊丽莎白品种进行早春大拱棚栽培，通过一次播种多次留瓜，可使甜瓜在生育期内采收3 ~ 4 次，平均单株产量达到 3 ~ 4kg，667m$^2$ 产量达到 6 000 ~ 7 000kg。济南市董家镇选用鲁厚甜 1 号品种，实行双层留瓜，瓜个头均匀，商品性好，单株产量达到 2. 5kg 以上，收入 3 万元以上。

在栽培技术水平提高方面，以早熟栽培技术方面有较大进步。瓜农已从沿用多年的露地栽培、双膜覆盖栽培发展到三膜（甚至四膜）一苫特早熟栽培。

**4. 以消费市场为导向更新品种，促进销售**

甜瓜消费市场已由数量型向质量型转变，这种转变直接影响着瓜农对品种的选择。从消费习惯和市场销售调查来看，受欢迎的甜瓜品种总体上符合：厚皮甜瓜中果型（单瓜重在1.5kg左右）、甜（可溶性固形物含量在14%以上）、果肉厚（肉厚在3cm以上）且质地脆嫩，爽口，无异香味等；薄皮甜瓜极早熟（早春坐瓜后30d内成熟），白色品种转色早、快、匀（坐瓜后28d内完成转色），嫩瓜无苦味，口感脆、甜、爽。

**5. 甜瓜营销模式创新**

目前甜瓜产业的发展在区域化、特色化和规模化种植的同时，应该逐步做到生产过程标准化和销售形式的组织化。只有实施销售形式的组织化，才能促进产业的优化升级。

在推动甜瓜产业化进程中，一般可采取“公司+基地+产销合作组织+产销合作组织+农户”的模式。据山东省农业专家顾问团蔬菜分团的调查，山东省甜瓜的产销合作组织，尽管形式多样，但都坚持以市场为龙头、龙头带基地、基地联农户的组织形式，把农民一家一户的小生产联结起来，形成了社会化商品生产。产销合作组织通过各种服务，在农户与客户之间建立起了稳定的产销关系，有效地解决了生产与销售脱节的问题。目前，山东省甜瓜规模化生产中各产区已经形成一定的销售网络和固定客户，并有相当一部分甜瓜种苗由育苗场向瓜农提供，但总体上讲，“贸工农”、“产加销”一体化的产销合作组织还比较少，要吸引大公司、大企业、大商场参与甜瓜产业，形成产、加、销一条龙的组织，把瓜农、企业的利益有机结合，形成利益共同体。应该尽快建立起产品质量和生产技术标准化体系，组织标准化生产。加强科技在甜瓜产业化生产中的主导作用，通过建立科技示范基地，架起研究与示范推广之间的桥梁，加大新技术、新成果的引进、开发和技术培训，促进甜瓜新品种、新技术的推广应用。加强政府对优质无公害甜瓜质量、卫生安全的全程监控。坚决杜绝生瓜和农药残留超标瓜上市，防止品质风味达不到要求的瓜上市，尽快树立起甜瓜为高档水果的形象。对优质甜瓜生产基地要给予政策和资金扶持，发展品牌营销，逐步实现优质优价，努力提高经济效益。

# 主要参考资料

焦自高，王崇启，董玉梅，等. 2002. 西瓜、甜瓜保护地栽培技术［M］. 济南：山东科学技术出版社.

焦自高，王崇启，董玉梅. 1996. 洋香瓜栽培新技术一点通［M］. 济南：山东科学技术出版社.

焦自高. 2004. 西瓜、甜瓜［M］. 济南：山东科学技术出版社.

王献杰. 2006. 西瓜 甜瓜［M］. 北京：中国农业大学出版社.

陈年来，屈星，陶永红，等. 2010. 甜瓜标准化生产技术［M］. 北京：金盾出版社.

羊杏平，徐锦华，江蛟. 2008. 无公害西瓜甜瓜标准化生产［M］. 北京：中国农业出版社.

潘瑞炽. 2001. 植物生理学［M］. 第 4 版. 北京：高等教育出版社.

吕佩珂，苏慧兰，李明远. 2004. 中国蔬菜病虫原色图鉴［M］. 北京：学苑出版社.

郑永利，戚红炳，陆剑飞. 2005. 西瓜与甜瓜病虫原色图谱［M］. 杭州：浙江科学技术出版社.

王久兴，张慎好. 2003. 瓜类蔬菜病虫害诊断与防治原色图谱［M］. 北京：金盾出版社.

王洪久，曲存英. 2002. 蔬菜病虫害原色图谱［M］. 济南：山东科学技术出版社.

李林，李长松，齐军山. 2013. 图说黄瓜病虫害防治关键技术［M］. 北京：中国农业出版社.

李林，齐军山，李长松. 2002. 保护地蔬菜病虫害防治技术［M］. 济南：山东科学技术出版社.

高桥和彦，西泰道. 2001. 保护地蔬菜生理障碍与病害诊断原色图谱［M］. 长春：吉林科学技术出版社.

吴国兴. 2012. 甜瓜保护地栽培［M］. 北京：金盾出版社.

郝秀明，李翠云. 2008. 多层覆盖矮矢高大棚爬地甜瓜种植试验［J］. 现代农业科技.（17）：29～32.

郝秀明，刘艳，任跃全. 2008. 滨湖大棚甜瓜宽高畦窄沟栽培试验［J］. 现代农业科技.（16）：40.

高怀友，刘凤枝，李玉浸，等.《无公害食品　蔬菜产地环境条件》（NY 5010—2002）. 中华人民共和国农业部.

沈德中，杨林书，张从，等.《绿色食品　产地环境技术条件》（NY/T 391—2000）. 中华人民共和国农业部.

汪云岗，张继兵，郜崇梅，等.《有机产品国家标准》（GB/T 19630—2011）. 中华人民共和国国家质量监督检验检疫总局，中国国家标准化管理委员会.

夏家淇，蔡道基，夏增禄，等.《土壤环境质量标准》（GB 15618—2008）. 国家环境保护局，国家技术监督局.

王德荣，张泽，宁安荣，等.《农田灌溉水质标准》（GB 5084—2005）. 中华人民共和国农业部.

中国环境科学研究院，中国环境监测总站.《环境空气质量标准》（GB 3095—2012）. 环境保护部国家质量监督检验检疫总局.

# 附录一　山东省地方标准《绿色食品日光温室厚皮甜瓜生产技术规程》

DB37/T 1412—2009　绿色食品 日光温室厚皮甜瓜生产技术规程

## 1　范围

本标准规定A级绿色食品日光温室厚皮甜瓜生产的产地环境条件、生产管理措施、采收、技术档案等。

本标准适用于山东省A级绿色食品日光温室厚皮甜瓜生产。

## 2　规范性引用文件

下列文件中的条款通过本标准的引用而成为本标准的条款。凡是注日期的引用文件，其随后所有的修改单（不包括勘误的内容）或修订版均不适用于本标准，然而，鼓励根据本标准达成协议的各方研究是否可使用这些文件的最新版本，凡是不注日期的引用文件，其最新版本适用于本标准。

NY/T 391　绿色食品　产地环境技术条件

NY/T 393　绿色食品　农药使用准则

NY/T 394　绿色食品　肥料使用准则

DB37/T 391　山东Ⅰ、Ⅱ、Ⅲ、Ⅳ、Ⅴ型日光温室（冬暖大棚）建造技术规范

# 3　产地环境条件

选择地势高燥，排灌方便，交通便利，土层深厚，疏松，肥沃的地块建造的日光温室。环境条件符合 NY/T 391 的要求。

# 4　生产管理措施

## 4.1　保护设施

日光温室。新建日光温室宜选建山东Ⅲ、Ⅳ、Ⅳ（寿光）型，建造技术规范符合 DB37/T 391 的要求。前茬作物以番茄、辣椒等非瓜类作物为宜。

## 4.2　栽培季节

12 月上旬至 1 月下旬播种育苗，1 月中旬至 2 月下旬定植，4～6 月采收。

## 4.3　品种选择

选择成熟早、品质优、耐低温、耐弱光、高产、抗病，适合市场需求的品种。

## 4.4　育苗

4.4.1　育苗设施

冬季育苗一般在日光温室育苗，或在塑料大棚内架设小拱棚、盖二层膜、保温被等措施保温育苗。棚室内宜建电热温床、火道温床。

4.4.2　营养土配制

肥沃田土 60% 和腐熟厩肥 40%，过筛混合。每 $m^3$ 营养土中加入尿素和硫酸钾各0.5kg，磷酸二铵2kg，50%多菌灵可湿性粉剂80g，拌匀备用。所用肥料应符合NY/T 394的要求。

4.4.3　浸种催芽

将种子放入55～60℃温水中，在搅拌下使水温降至30℃左右，浸种3～5h。将种子取出后用0.2%的高锰酸钾溶液消毒20min，清水洗净，用湿布包好，在28～30℃条件下催芽。催芽前还可用50%多菌灵500～600倍液浸种15min，可预防真菌性病害；或用10%磷酸三钠溶液浸种20min，可预防病毒病。

4.4.4　播种

播种前4～5d，苗床上排好营养钵，浇透水，然后覆盖地膜，加盖小拱棚，提前加温。当地温稳定在15℃以上时播种，每个营养钵或穴孔上播一粒发芽的种子，覆土1～1.5cm厚。

4.4.5　苗期管理

出苗前，苗床气温白天保持28～32℃，夜间17～20℃；出苗后适当降温，白天降到22～25℃，夜间15～17℃；第一片真叶展开至第三片真叶显露，白天25～32℃，夜间17～20℃；定植前7d，降低苗床温度进行蹲苗、炼苗，白天20～25℃，夜间10～15℃。苗期地温保持20～25℃。

第一片真叶展开后，喷洒一遍72.2%霜霉威水剂1 000倍液或52.5%恶唑菌酮·霜脲氰水分散粒剂2 000倍液等杀菌剂预防病害。定植前，苗床喷一遍70%甲基硫菌灵可湿性粉剂600倍液或75%百菌清可湿性粉剂600倍液。

### 4.5　定植前准备

定植前10～15d，日光温室内浇水造墒，深翻耙细，整平。草苫要昼揭夜盖，提高室内的温度。结合整地每667m$^2$施用腐熟的圈肥5～6m$^3$、腐熟畜禽粪便2 000kg、过磷酸钙50kg。做垄前，于垄底撒施复合肥（氮+磷+钾=15+15+15）60kg，或磷酸二铵40kg、硫酸钾20kg。按小行距60～70cm，大行距80～90cm的不等行距做成马鞍形垄，垄高 15～25cm。对前作为瓜类蔬菜的日光温室，可于垄底每 667m² 施甲基硫菌灵可湿性粉剂 1.5kg，进行土壤消毒。肥料施用符合 NY/T 394 的要求。

## 4.6　定植

温床育苗适宜苗龄为 30～35d，三叶一心。温室内 10cm 地温稳定在 15℃以上定植。定植宜在晴天上午进行。大果型品种每 667m² 栽植 1 700～1 800株，小果型品种每 667m²　2 000株左右。在垄上开沟后浇水，按株距定植、覆土，然后覆盖地膜。

## 4.7　定植后管理

4.7.1　温湿度调控

定植后，维持白天室温 30℃左右，夜间 17～20℃，以利于缓苗。开花坐瓜前，白天室温 25～28℃，夜间 15～18℃，室温超过 30℃放风。坐瓜后，白天室温 28～32℃，不超过 35℃，夜间 15～18℃，保持 13℃以上的昼夜温差。

4.7.2　整枝、吊蔓、打杈

单蔓整枝，保留一条主蔓，吊秧栽培。当瓜秧长到 30cm 时，用绳牵引瓜蔓。主蔓在 27 节左右打顶。同时在顶部可留 1～2 个侧枝，以便再次坐瓜。

杈长到 3～5cm 时，选择晴天打杈。打完杈后，喷一遍 68.75% 恶唑菌酮·锰锌可湿性粉剂 1 000～1 500倍液，或 20.67% 恶唑菌酮·硅唑可湿性粉剂 1 000～1 500倍液，预防蔓枯病等的发生。

4.7.3　人工授粉

一般在主蔓第 12～17 节开始留子蔓结瓜。如果下部叶片偏小，要适当提高留瓜节位。在预留节位的雌花开放时，于上午 9～11 时，用当天开放的雄花给雌花授粉。

4.7.4　定瓜与吊瓜

当幼果长到鸡蛋大小时，选留果形周正，无畸形，符合品种特征，节位适中的幼瓜。一般小果型品种每株留 2 个瓜，大果型品种每株只留 1 个瓜，多余的幼瓜摘除。

当幼瓜长到 250g 左右时，及时吊瓜。

4.7.5　肥水管理

定植后至伸蔓前，瓜苗需水量少，控制浇水。到伸蔓期，每 667m$^2$ 施尿素 15kg、磷酸二铵 10kg、硫酸钾 5kg，随即浇水。预留节位的雌花开花至坐果期间要控制浇水。定瓜后，每 667m$^2$ 可追施硫酸钾 10kg、磷酸二铵 20～30kg，随水冲施。此肥水后，隔 7～10d 再浇一次大水，至采收前 10～15d 停止浇水。多层留瓜时，在上层瓜膨大期再追施一次肥料，每 667m$^2$ 施入硫酸钾 15～20kg、磷酸二铵 10～15kg。除施用速效化肥外，也可在膨瓜期随水冲施腐熟畜禽粪便，每 667m$^2$300kg 或腐熟豆饼 100kg。生长期内可叶面喷施 2～3 次 0.3% 磷酸二氢钾等叶面肥。肥料施用应符合 NY/T 394 的要求。

## 4.8　病虫害防治

4.8.1　主要病虫害

4.8.1.1　主要病害

白粉病、灰霉病、细菌性叶枯病、疫病、蔓枯病、病毒病等。

4.8.1.2　主要害虫

蚜虫、斑潜蝇等。

4.8.2　防治原则

按照“预防为主，综合防治”的植保方针，坚持“农业防治、物理防治、生物防治为主，化学防治为辅”的原则。化学防治使用农药应符合 NY/T 393 的规定。

4.8.3　农业防治

4.8.3.1　抗病品种

针对当地主要病虫控制对象及地片连茬种植情况，选用有针对性的高抗多抗品种。

4.8.3.2　创造适宜的生育环境

培育适龄壮苗；通过放风、增加覆盖、辅助加温等措施，控制各生育期温湿度，避免低温和高温伤害。增施充分腐熟的有机肥，减少化肥用量；清洁田园（日光温室），降低病虫基数；及时摘除病叶、病果，集中销毁。

4.8.4　物理防治

4.8.4.1　增设防虫网

通风口处增设防虫网，以40目防虫网为宜。

4.8.4.2　悬挂诱虫板

日光温室内设置黄板诱杀白粉虱、蚜虫、美洲斑潜蝇等，每667$m^2$ 30～40块。

4.8.5　生物防治

立枯病可用5%井冈霉素1 000倍液浇灌苗床；白粉病、灰霉病可用1%农抗武夷菌素150～200倍液；叶枯病等细菌性病害可用72%农用链霉素4 000倍液，或新植霉素4 000倍液；粉虱、蚜虫、斑潜蝇可用6%绿浪乳油800～1 000倍液喷雾防治。

4.8.6　化学防治

4.8.6.1　白粉病

用45%百菌清烟剂每667$m^2$ 250g熏烟，或40%氟硅唑乳油8 000～10 000倍液喷雾。

4.8.6.2　灰霉病

可选用6.5%乙霉威·硫菌灵粉尘剂每667$m^2$用1kg喷粉，或28%多·霉威可湿性粉剂500倍液，或50%异菌脲可湿性粉剂1 000～1 500倍液喷雾。

4.8.6.3　细菌性叶枯病

选用50%琥胶肥酸铜可湿性粉剂400倍液，或25%噻菌茂可湿性粉剂500倍液喷雾。

4.8.6.4　蔓枯病

选用10%苯醚甲环唑水分散粒剂1 000～1 500倍液，或70%

甲基硫菌灵可湿性粉剂800倍液，或70%代森锰锌可湿性粉剂500倍液，以上药剂交替使用，用药方式可喷洒、灌根、涂茎相结合。

4.8.6.5　疫病

用58%甲霜灵·锰锌可湿性粉剂600～800倍液，或69%烯酰吗啉·锰锌可湿性粉剂800倍液，或52.5%恶唑菌酮·霜脲氰水分散粒剂2 000倍液，或60%氟吗啉可湿性粉剂800～1 000倍液喷雾。

4.8.6.6　病毒病

发病初期，用1.5%植病灵600倍液，或20%病毒A可湿性粉剂500倍液，或5%菌毒清水剂200～300倍液喷雾防治。

4.8.6.7　蚜虫、美洲斑潜蝇

用10%吡虫啉可湿性粉剂4 000～6 000倍液，或2.5%联苯菊酯可湿性粉剂2 000倍液，或2.5%氯氟氰菊酯乳油2 000倍液喷雾。

## 5　采收

根据授粉日期和品种熟性以及品种成熟特征确定采收期。对果实成熟时蒂部易脱落的品种以及成熟后果肉易变软的品种，须适当早采收。采收宜在清晨进行，采后存放在阴凉场所。

## 6　生产技术档案

建立绿色食品日光温室厚皮甜瓜生产技术档案，详细记录产地环境、生产技术、生产资料使用、病虫害防治和采收等各环节所采取的具体措施，并保存3年以上。

# 附录二　山东省地方标准《厚皮甜瓜集约化嫁接育苗技术规程》

DB37/T 1396—2009　厚皮甜瓜集约化嫁接育苗技术规程

## 1　范围

本标准规定了厚皮甜瓜集约化嫁接育苗的生产设施、基质配方与处理、嫁接技术与嫁接苗管理、病虫害防治技术及成品苗标准。

本标准适用于山东省早春栽培厚皮甜瓜，冬季集约化嫁接苗生产。

## 2　规范性引用文件

下列文件中的条款通过本标准的引用而成为本标准的条款。凡是注日期的引用文件，其随后所有的修改单（不包括勘误的内容）或修订版均不适用于本标准，然而，鼓励根据本标准达成协议的各方研究是否可使用这些文件的最新版本，凡是不注日期的引用文件，其最新版本适用于本标准。

GB/T 8321　（所有部分）农药合理使用准则

GB/T 13735　聚乙烯吹塑农用地面覆盖薄膜

GB/T 16715.1　瓜菜作物种子 瓜类

GB/T 23393　设施园艺工程术语

GB/T 23416.3　蔬菜病虫害安全防治技术规范 第3部分：瓜类

NY/T 496　肥料合理使用检测通则

NY 5010 蔬菜产地环境条件

《中华人民共和国农业部公告》第 199 号 国家明令禁止使用的农药

## 3 术语和定义

下列术语和定义适用于本标准。

**3.1 日光温室 solar plastic greenhouses**

参见 GB/T 23393—2009。

**3.2 连栋温室 multi-span greenhouses**

参见 GB/T 23393—2009。

**3.3 苗龄 seedling age**

指接穗或成品苗从播种到嫁接或定植间的天数。

**3.4 砧木 rootstock**

指嫁接时承受接穗的实生苗。

**3.5 接穗 scion**

指嫁接在砧木上用做生长结实的幼苗。

**3.6 嫁接 graft**

指将植物的芽或枝（接穗）接到另一植物体（砧木）的适当部位，使两者接合成一个新植物体的技术。

**3.7 插接法 Plug-graft**

指砧木苗心叶去除后，从顶部斜插一孔，将接穗下胚轴削成契形后插入孔中的一种嫁接方法。

**3.8　嫁接苗 seedling grafted**

指以优良品种作接穗通过嫁接方法形成的秧苗。

**3.9　发芽率 the rate of germination**

指发芽种子数与催芽种子数的百分比。

**3.10　出苗率 the rate of emergence**

指出苗数与播种种子数的百分比。

**3.11　出苗合格率 the rate of available scion**

指可用于嫁接的接穗或砧木苗数与其出苗数的百分比。

**3.12　嫁接成活率 the survival rate of grafted seedling**

指嫁接成活苗数与嫁接苗数的百分比。

**3.13　成品苗率 the rate of available grafted seedling**

指成品苗数与嫁接成活苗数的百分比。

**3.14　溯源体系 system of trace to the source**

从播种到成苗出售整个生产过程中所有农事活动的原始记录等。

## 4　场地环境

育苗场地环境应符合 NY 5010 的规定。

# 5 生产技术

选择成熟早、品质优、耐低温、耐弱光、高产、抗病，适合市场需求的品种。

## 5.1 成品苗标准

成品苗砧木、接穗子叶均保留完整，二叶一心，节间短粗，叶片深绿、肥厚。茎粗 4 ~ 6mm，株高 10 ~ 12cm。根坨成型，根系粗壮发达。无病斑、无虫害。苗龄 35 ~ 40d。

## 5.2 育苗设施、设备

日光温室或连栋温室，恒温箱，补光灯，加热线，苗床，穴盘，平盘，嫁接用具、喷淋系统，加温、降温及遮阳设备等。

## 5.3 设施、设备消毒

### 5.3.1 日光温室消毒

高锰酸钾 + 甲醛消毒法：每 667$m^2$ 温室用 1.65kg 高锰酸钾、1.65L 甲醛、8.4kg 开水消毒。将甲醛加入开水中，再加入高锰酸钾，产生烟雾反应。封闭 48h 消毒，待气味散尽后使用。

### 5.3.2 穴盘、平盘消毒

用 40% 甲醛 100 倍液浸泡苗盘 20min，捞出后在上面盖一层塑料薄膜，密闭 7d 后揭开，用清水冲洗干净。

## 5.4 基质配制与装盘

### 5.4.1 基质配制

选用优质草炭、蛭石、珍珠岩为基质材料，三者按体积比 3∶1∶1 配制，每立方米加入 1 ~ 2kg 国标复合肥，同时加入 0.2kg 多菌灵搅拌均匀后密封 5 ~ 7d 待用。

5.4.2　穴盘的选择与装盘

选用黑色 PS 标准穴盘，砧木选用 50 孔穴盘，尺寸 53cm × 28cm × 8cm（长 × 宽 × 高）。接穗选用平盘，标准尺寸 60cm × 30cm × 60cm（长 × 宽 × 高）。将含水量 50% ~ 60% 的基质装入穴盘中，稍加振压，抹平即可。

### 5.5　品种选择

5.5.1　砧木品种选择

以南瓜为主，所选砧木与接穗亲和力强、共生性好，且抗厚皮甜瓜根部病害、对产品品质影响小，嫁接优势表现明显，嫁接植株根系发育旺盛，抗性增强。

5.5.2　接穗品种选择

应选择符合市场需求，早春保护地栽培耐低温、弱光、早熟、结果率高、丰产、果实品质优良、商品性好的品种。

5.5.3　种子质量

应符合 16715.1 中规定的指标。

### 5.6　育苗

5.6.1　育苗季节及设施选择

以冬春季嫁接育苗为主，一般在 12 月上中旬在有加温设备的日光温室中进行播种育苗。

5.6.2　用种量计算方法

$$\text{用种量（粒）} = \frac{\text{所需成苗数（株）}}{\text{种子发芽率（\%）} \times \text{出苗率（\%）} \times \text{出苗利用率（\%）} \times \text{嫁接成活率（\%）} \times \text{成品苗率（\%）}}$$

5.6.3　砧木种子处理

5.6.3.1　浸种

砧木播种比接穗提早 5d。先将种子晾晒 3 ~ 5h，然后将种子置入 65℃ 的热水中烫种，水温降至常温后浸种 7 ~ 12h，沥干水分将种子摊放在装有湿沙的平盘内，覆盖一层湿沙，再用地膜包紧。

5.6.3.2　催芽

在铺有地热线的温床或催芽室内进行催芽。催芽温度控制在30～32℃，50%的种子露白时停止人工加温待播。

5.6.4　播种

5.6.4.1　砧木播种及管理

芽长1～3mm、出芽率达到85%时即可播种。将催好芽的砧木播种在装有基质的50孔标准穴盘内，播种深度1～1.5cm，尽量使种子开口方向播放一致，播后覆盖消毒蛭石，淋透水后，苗床覆盖地膜。白天温度28～30℃，夜温20～18℃。幼苗出土后及时揭去地膜，白天22～25℃，夜间18～16℃。

5.6.4.2　接穗播种及管理

播种前种子晾晒4～6h。用55～60℃的温水浸种，待水温降至30℃时，加入1‰植物诱抗剂O·S施特灵浸种3～4h。将种子均匀播在装有基质的平盘内，每标准盘播800粒。播后覆盖一层冲洗过的细沙，用地膜包紧。放置在铺有地热线的温床或催芽室内催芽。催芽温度28～30℃，70%的种子露白时去掉地膜，逐渐降低温度，白天22～25℃，夜间18～16℃。

## 5.7　插接法嫁接

5.7.1　适于嫁接砧木、接穗的形态标准

砧木第1片真叶露心，茎粗2.5～3mm，嫁接苗龄12～15d。

接穗子叶展平、刚刚变绿，茎粗1.5～2mm，嫁接苗龄10～13d。

5.7.2　嫁接前砧木、接穗处理

嫁接前一天砧木、接穗都淋透水，同时叶面喷杀菌剂。

5.7.3　嫁接

将砧木真叶和生长点剔除。用竹签紧贴砧木任一子叶基部内侧，向另一子叶基部的下方呈30°～45°斜刺一孔，深度0.5～

0.8cm。取一接穗，在子叶下部1cm处用刀片斜切0.5~0.8cm楔形面，长度大致与砧木刺孔的深度相同，然后从砧木上拔出竹签，迅速将接穗插入砧木的刺孔中，嫁接完毕。

## 5.8　嫁接苗的管理

5.8.1　湿度

苗床盖薄膜保湿。所用薄膜应符合GB/T 13735　标准。嫁接后前3d苗床空气湿度保持在95%以上。之后视苗情逐渐增加通风换气时间和换气量。6~7d后，湿度控制在50%~60%。

5.8.2　温度

嫁接后前6~7d白天保持25~28℃，夜间22~20℃。伤口愈合后，白天温度22~30℃，夜间20~16℃。

5.8.3　光照

嫁接后前3d遮光，早晚适当见散射光，以后逐渐增加见光时间，直至完全不遮阳。遇到久阴转晴要及时遮阴，连阴天须进行补光。

5.8.4　肥水管理

嫁接苗不再萎蔫后，视天气状况，5~7d浇一遍肥水，可选用宝利丰、磷酸二氢钾等优质肥料，浓度以1‰~1.25‰为宜。结合肥水还可加入OS施特灵、甲壳素等植物诱导剂。

5.8.5　肥料质量

所用肥料应符合NY/T 496要求。

5.8.6　其他管理

及时剔除砧木长出的不定芽，去侧芽时切忌损伤子叶及摆动接穗。

嫁接苗定植前5~7d开始炼苗。加大通风、降低温度、减少水分、增加光照时间和强度。出苗前喷一遍杀菌剂。

# 6 病虫害防治

## 6.1 主要种类

嫁接苗在苗床上发生的病害主要有：猝倒病、立枯病、蔓枯病等。虫害主要有：蚜虫、白粉虱、潜叶蝇、螨虫和蓟马等。

## 6.2 防治方法

参照 GB/T 23416.3 执行。

## 6.3 禁止使用的农药

参照《中华人民共和国农业部公告》第 199 号。

## 6.4 农药合理使用

生产过程施用农药按 GB/T 8321（所有部分）执行。

# 7 成品苗的包装和运输

## 7.1 包装

### 7.1.1 箱体要求

包装箱应具有防压、透气、防冻、防热、耐搬运等特性。出厂时箱体要标有产品编号，箱内附有产品合格证。

### 7.1.2 产品包装

秧苗装箱前应在箱内铺保湿薄膜，提苗时勿伤及秧苗，保持根坨完整，整齐码入箱内，盖严封好待运。

### 7.2　编号

编号分三部分，共16位数。第一部分6位数，是育苗企业所在地区县级以上行政区划编码。第二部分7~10位是生产基地序列号。第三部分11~16位是嫁接苗生产时间序列号。基地序列号和生产批次序列号由生产企业负责印制或标记。

示例：370181－0205－070225表示山东章丘地区，02号工厂05号车间，07年2月25日出厂的成品苗批次编号。

### 7.3　检验

内容包括：品种名称，产品数量，成品苗合格率，苗体是否带有病虫害等。检验合格的产品贴上产品编号及合格证。

### 7.4　运输

要求运苗车辆具备保温、防雨雪功能，成品苗应尽可能在5h内运到目的地，便于尽快定植。

## 8　技术档案

育苗各生产环节应按附录A、B、C的要求填写原始记录，并保留记录2年以上。

# 附录 A
# （规范性附录）

**表 A.1　嫁接苗生产操作记录表**

工厂名称：　　　　车间编号：　　　　车间负责人：　　　　电话：

| 作物种类 | | 播种量（kg） | | 催芽时间 | | 出芽时间 | |
|---|---|---|---|---|---|---|---|
| 作物品种 | | 育苗面积（$m^2$） | | 播种时间 | | 出苗时间 | |

| 农事操作记录 | | | | | | |
|---|---|---|---|---|---|---|
| 日期 | 活动内容 | 投入品种名称 | 使用量 | 使用设备 | 操作人 | 技术负责人 |
| | | | | | | |
| | | | | | | |
| | | | | | | |

制表人：　　　　制表日期：

# 附录 B
# （规范性附录）

**表 B.1 育苗温室环境记录表**

工厂名称： 车间编号： 车间负责人： 电话：

| 日期 | 温度（℃） | | | | 湿度（%） | | 光照（强、中、弱） | 外界天气（晴、阴、雨、雪） |
|---|---|---|---|---|---|---|---|---|
| | 空气 | 基质 | 空气 | 基质 | | | | |
| | 8：00 | 13：00 | 18：00 | 8：00 | | | | |
| | | | | | | | | |
| | | | | | | | | |
| | | | | | | | | |
| | | | | | | | | |
| | | | | | | | | |
| | | | | | | | | |

制表人： 制表日期：

# 附录 C
# (规范性附录)

**表 C.1　成苗售出状况记录表**

工厂名称：　　　　车间编号：　　　　车间负责人：　　　　电话：

| 品种名称 | 出苗日期 | 数量 | 播种期 | 嫁接日期 | 苗龄 | 售往地点 |
|---|---|---|---|---|---|---|
| | | | | | | |
| | | | | | | |
| | | | | | | |
| | | | | | | |
| | | | | | | |

制表人：　　　　　　　　　　制表日期：

**表 C.2　成品苗质量检验**

产品编号：　　　　检验日期：　　　　检验负责人：　　　　电话：

| 品种名称 | 数量（株） | 病害 | 虫害 | 合格率（%） | 检验员 |
|---|---|---|---|---|---|
| | | | | | |
| | | | | | |
| | | | | | |
| | | | | | |
| | | | | | |
| | | | | | |

制表人：　　　　　　　　　　制表日期：

# 附录三　山东省地方标准《厚皮甜瓜杂交种子设施繁育技术规程》

DB37/T 2349—2013　厚皮甜瓜杂交种子设施繁育技术规程

## 1　范围

本标准规定了厚皮甜瓜杂交种子设施繁育的亲本要求、选地与隔离、制种季节、父母本种植、授粉技术、种子收获以及种子检验等技术内容。

本标准适用于山东省各地厚皮甜瓜杂交种子设施生产。

## 2　规范性引用文件

下列文件对于本文件的应用是必不可少的。凡是注日期的引用文件，仅所注日期的版本适用于本文件。凡是不注日期的引用文件，其最新版本（包括所有的修改单）适用于本文件。

GB/T 3543（所有部分）农作物种子质量检验规程

NY 474 甜瓜种子

DB370783/T 011—98 洋香瓜保护地栽培技术规程（注：洋香瓜即厚皮甜瓜）

## 3　亲本要求

要求亲本质量不低于 NY 474 甜瓜种子要求。

# 4 设施选择与隔离

## 4.1 设施选择

选择地势高燥，排灌方便，交通便利，土层深厚、疏松、肥沃，土壤 pH 值为 6.5 ~ 7.0 的地块建造繁种设施，设施以简易适用，尽量减少制种成本为目的。一般以竹木结构大棚为宜，繁种基地应避开甜瓜生产基地。

## 4.2 隔离

厚皮甜瓜种子设施繁育采用物理隔离方式，繁种设施通风口和出入口用 30 目防虫网封盖严实，进行隔离。

# 5 制种季节

厚皮甜瓜杂交种子设施繁育每年可在春秋两季进行，一般春季制种在 3 月上旬播种，秋季制种 7 月中旬播种。

# 6 父母本种植管理

## 6.1 父本

父本一般 4 月上旬，或 8 月上旬定植。定植区域一般在设施内的边角地块，种植密度与一般生产相同。父本通常只作提供花粉用，可不进行整枝，在授粉结束前，及时摘除已结的果。

## 6.2 母本

母本一般比父本晚 2 ~ 5d 播种，可与父本同时定植，采取高垄栽培，按小行距 60～70cm，大行距 80～90cm 的不等行距做成马鞍形垄，垄高 15～25cm，株距 40cm，每 667m² 种植 2 000株左右。

### 6.3　父母本比例

父母本种植比例可为 1：（8～10），父母本应分区分片种植。一般每 30～40 株母本对应 4 株父本分成一个小区，授粉时同一区内的父本只对本区母本植株授粉，不得与其他小区混授。父母本在田间的排布以便于操作，有利于生产为原则。

### 6.4　其他管理

杂交种子的生产，其植株田间管理与一般商品生产的栽培管理基本相同。其育苗技术、水肥管理、温湿度调控、病虫害防治等栽培管理措施按 DB370783/T 011—98 的规定执行。

## 7　授粉技术

### 7.1　授粉时期

根据各地气候条件应安排在天气晴朗、少雨、日气温为 20～25℃的季节制种。一般春季制种授粉时期在 5 月中下旬，秋季制种在 9 月中旬左右。

### 7.2　授粉工具

准备镊子，隔离用纸帽或医用胶囊，标记塑料片，装父本花用的盒子等。

### 7.3　田间去杂

授粉开始前清查一遍田间，将杂株清除。重点查父本田，父本田内杂株包括疑似杂株都要拔除。

### 7.4 母本植株调整

采用吊蔓方式栽培，单蔓整枝。枝蔓整治方式春秋季有所不同：春季栽培苗期不摘心，以母蔓作主蔓，14～17 叶节所产生的子蔓留做坐瓜蔓，其他枝蔓须及时摘除，主蔓留 28～30 片叶打头；秋季栽培在母蔓 5～6 片叶摘心，选留 1 条生长健壮的子蔓作主蔓，主蔓 12～15 叶节所出的孙蔓留做坐瓜蔓，主蔓留 25～27 片叶打头。用塑料绳或麻绳进行吊蔓，在主蔓伸蔓后系住植株基部，将主蔓缠绕到吊绳上吊起，授粉时对所留雌花都做杂交。

### 7.5 母本去雄

厚皮甜瓜其结果花大多为两性花，为此授粉前需要对母本植株做去雄工作，每天下午选第二天要开放的两性花去雄，去雄时用镊子拔。

开花冠，摘除全部花药，注意不得碰伤柱头，去雄后应套袋隔离。由于品种和栽培季节的因素，植株的结果花有时产生单雌花，去雄工作中发现单雌花只做套袋处理。

### 7.6 雄花采集

每天授粉前采集当天开放的父本雄花，置于盒内，每盒只放同一小区内的父本雄花。待本区内母本植株授完粉，将盒内剩余雄花倒掉，重新采集下一区的父本雄花，重复上述工作。

### 7.7 授粉

7.7.1 每天上午 7～10 时授粉，根据天气情况，以花药开始自然散粉时开始授粉最佳。授粉时采当天开放的雄花，花冠撕掉，露出雄蕊直接在雌花柱头上轻轻涂抹，然后套上纸帽，随手将授粉蔓摘心，摘心位置以保留坐瓜前一叶叶片为准，并在花蕾后面的蔓节套上塑料标记片作好标记。纸帽可隔天取下重复利用。

7.7.2　在每天授粉时，对当天即将开放的雌花，也要去雄进行蕾期授粉；当天已经开放的单雌花也可以杂交授粉。授粉方式同上。

### 7.8　授粉后父本管理

授粉结束后，父本植株及时授粉留瓜，便于进一步鉴定父本，是否混有杂株。

### 7.9　授粉后母本管理

母本植株保留所有的授粉瓜，其余瓜及子蔓全部及时去除。并定期将以后所产生的雌花、腋芽摘除。

## 8　种子收获

### 8.1　采收时期

根据品种和栽培季节不同，种瓜在授粉后45～60d，即可充分成熟采收。生产上通常瓜蒂所在的叶片完全枯黄时，表明种瓜已经成熟。

### 8.2　清除母本田杂株

采收前，根据果实形状和颜色做最后一次母本田的去杂工作。

### 8.3　种果采收

注意采收有标记的果实，无标记或标记不清的果实应及时清除。另外授粉后又发现父本杂株所在小区的种果单独采收、采种、鉴定。

### 8.4 种子淘晒

种瓜采收后，应将瓜置于室内或阴凉处后熟一周。剖开留种果实，取出种子，置于无油污的非金属容器中。剖瓜过程中若发现肉色杂果应及时去除，不要与正常瓜种混杂。种子最好随采随淘洗，若有间隔，时间不超过 12h 为宜。种子淘洗干净再干燥。干燥时注意避免日光暴晒，将洗净后的种子摊放在凉席、帆布等物上晾干，不要把种子放在水泥晒场或铁器上，以免灼伤种子。

### 8.5 种子保存

待种子含水量不高于 8% 时即可装袋，放置低温干燥处保存。注意防止保存过程中发生机械混杂和虫鼠害，入库种子定期进行检查，以确保种子质量。

## 9 种子检验

按照 GB/T 3543（所有部分）的规定对种子进行扦样、净度分析、发芽试验、真实性和品种纯度鉴定、水分测定等一系列操作。经检验后，杂交种子的纯度不低于 98%、净度不低于 99%、芽率不低于 90%、水分不高于 8% 的为合格种子。

## 10 生产档案

详细记录产地环境条件、生产投入品、生产管理、病虫害防治、产品质量检测及相关溯源资料，并保存 3 年以上。